新版

现代农业

高效生态种养新技术

李　娜　董峰海　常畴伟　主编

中国农业科学技术出版社

图书在版编目（CIP）数据

现代农业高效生态种养新技术 / 李娜，董峰海，常畴伟主编 .—北京：中国农业科学技术出版社，2021.4（2022.11重印）

ISBN 978-7-5116-5278-2

Ⅰ.①现… Ⅱ.①李…②董…③常… Ⅲ.①农业技术 Ⅳ.①S

中国版本图书馆 CIP 数据核字（2021）第 064049 号

责任编辑 白姗姗
责任校对 贾海霞
责任印制 姜义伟 王思文

出 版 者 中国农业科学技术出版社
北京市中关村南大街 12 号 邮编：100081
电 话 (010)82106638(编辑室) (010)82109702(发行部)
(010)82109709(读者服务部)
传 真 (010)82106650
网 址 http://www.castp.cn
经 销 者 各地新华书店
印 刷 者 中煤（北京）印务有限公司
开 本 850 mm×1 168 mm 1/32
印 张 5.375
字 数 140 千字
版 次 2021 年 4 月第 1 版 2022 年 11 月第 3 次印刷
定 价 38.80 元

《现代农业高效生态种养新技术》

编　委　会

主　编：李　娜　董峰海　常畴伟

副主编：张瑞波　李振刚　陈秋勇　王永辉

乔存金　潘柳生　覃敬时　孙福华

支　慧　王亚丽　霍小青　郭庆峰

编　委：陈宪锋　朱淑霞

前　言

2019年11月26日，农业农村部印发《农业绿色发展先行先试支撑体系建设管理办法（试行）》，提出“大力发展种养结合、生态循环农业”，表明国家在发展农业高效生态种养技术方面鼓励先行先试，因地制宜开展多种形式生态高效的种养结合模式。

本书以通俗易懂的语言，从农作物高效生态种植技术、蔬菜高效生态种植技术、果茶高效生态种植技术、中药材高效生态种植技术、食用菌高效生态种植技术、畜禽高效生态养殖技术、水产高效生态养殖技术等几个方面，对现代农业高效生态种养新技术进行了详细介绍，以期帮助农民朋友学习种养相关的知识。

编　者

2021年1月

目　录

第一章　农作物高效生态种植技术

第一节　水　稻

一、品种选择

在准备阶段，品种选择十分重要。目前农业市场中有很多水稻品种，但是不同水稻品种生长特点不同，需要根据实际种植环境进行分析，重点考虑地区的水文气候、土壤条件，还要考虑品种本身的生育期、产量、品质等因素，从而选择出最合适的品种进行种植。除此之外，想要提高水稻品种的产量，还需要进一步观察水稻种子的纯度、抗病性等多方面因素。要根据当地的实际情况选择适应性更强的水稻品种，重点考察抗倒伏能力、抗病害能力。

二、播种时期

中国各地区气候条件相差较大，因而水稻种植次数、种植时间也存在较大差异，如山区气温较低，且受地形和垂直高度的影响，采取的是单、双季稻混栽方式；而在温度较高的地区，采取双季稻种植方式，以此保证水稻种植的高效，反之则为单季稻种植区。

三、合理育秧

在育秧过程中，苗床的选择十分重要。在一般情况下，苗

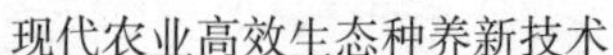

床要具有靠近水源、地势平坦、透气疏松、土层较厚、向阳背风、土质肥沃的特点，才能最大限度地保证育秧质量。播种前，在苗床周围修建排水沟，去除大土块，平整厢面，同时留下一定量的细土，为后续的播种奠定基础。根据实际种植经验来看，播种量应控制为 15kg/hm^2。均匀播撒水稻种子后浇透水，覆盖好细土，最好覆盖薄膜，能最大限度地提高秧苗质量。

四、科学密植

一般情况下，稻田栽插密度不超过 22.5 万株/hm^2，而且每窝最多栽植 2 棵秧苗，但在实际种植过程中，还要考虑气候条件、品种特性、地区地形、土壤营养等因素，避免对后续生长造成负面影响。如在土壤营养丰富、肥力较强的情况下，要降低密度；反之则提高密度。株距控制为 30cm 最佳，以保证秧苗健康成长，结穗率、结实率都会得到提高。

五、施肥管理

水稻是需肥较多的作物之一。一般每生产稻谷 100kg，需氮（N）1.6～2.5kg、磷（P_2O_5）0.8～1.2kg、钾（K_2O）2.1～3.0kg，氮、磷、钾的需肥比例约为 2∶1∶3。另外，硅和锌两种微肥对水稻的产量和品质影响较大。硅肥能增强水稻对病虫害的抵抗能力和抗倒伏能力，起到增产作用，并能提高稻米品质；锌肥能增加水稻有效穗数、穗粒数、千粒重等，降低空秕率。

第二节　玉　米

一、品种选择

合理选择玉米优良品种，是保证玉米高产的前提。选择玉

米优良品种时，首先根据种子外观淘汰掉病籽和坏籽，选择颗粒饱满、光泽度好、大小均匀的颗粒。其次，根据种子纯度选择，纯度越高，产量越高。第三，根据生产周期选择，生长周期越长的品种性能越好，增长潜力越大。最后，根据抗性选择，生产主要根据当地的病虫害种类、土壤条件、气候条件等选择综合抗性较强的品种。

二、精细整地

在精细整地环节中，可以选择灭茬整地的方法。选择相应的机械进行灭茬，将田中的秸秆进行粉碎并抛撒在田中，可以有效提高土壤中的有机质含量，对种植地进行平整土地和深耕后，打破犁底层，使玉米根系可以更好地发育。

三、合理密植

在玉米高产栽培种植中，应该合理密植，否则会严重影响玉米产量。在对玉米种植密度进行合理控制前，要先了解不同玉米品种和土壤状况，再制定相应的种植方案，实现科学合理的种植。

四、合理施肥

在保证玉米基肥施足的情况下，要尽早对玉米进行追肥，从而保证玉米更加健康的生长。一般来说，玉米从种子发芽到 3 叶期是不需要进行施肥的，玉米幼苗所需要的营养由种子直接提供，当玉米生长到 5 叶期时，要根据定苗情况，施入攻苗肥。在早期进行攻苗肥的施入，要保证基础肥中氮素比例占全生育期氮肥总量的 50%左右。当玉米生长到中期时，要施入穗肥，在这个时期所施入的穗肥要占整个生育期施肥总量的 40%左右。如果在玉米生长的后期出现脱肥的情况，可以在雨天进行尿素的补施，也可以在苗期一次性施入玉米缓控释专

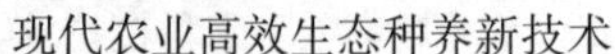

用肥。

五、加强田间管理

想要提高玉米的产量，还要在玉米出苗后加强田间的管理，通常在玉米5叶期时要进行一次性定苗。在开展定苗工作时，要保证留苗的均匀，将弱苗去除，保留强壮的苗，在定苗的过程中还可以株间松土，去除玉米苗之间的杂草。玉米在拔节期到抽雄期之间，对水分较为敏感，大喇叭口期是雌穗小花分化发育的重要阶段，当玉米进入需水临界期时，要保证土壤的湿润。在玉米抽雄散粉到抽丝的过程中，是玉米对水分最敏感的阶段，如果这个时期不能保证水分的充足，就会导致玉米抽丝延迟，花丝无法正常伸长，严重影响雌穗的生长，所以在玉米开花期到成熟期的过程中，水量要充足，尤其在抽穗开花时期，更要保证水分充足。

第三节　小　麦

一、品种选择及种子处理

（一）品种选择

优质的小麦品种是高产小麦栽培技术实施的前提，是提高小麦质量的关键。在选择小麦品种时，要优选适合种植区域实际条件且抗病虫害能力强的品种，要考虑小麦品种的抗倒性和早熟性，目的是提高小麦生长过程的稳定性，并对种植区域的土壤和肥力特点进行调研，灵活选择种植品种，以实现优种和优播的结合。

（二）种子处理

在选择好小麦品种后，要对小麦种子进行晒种处理，在晴

天时将种子平铺在地面上晾晒2~3d，勤翻动，防止晒伤。之后要对种子进行筛选，将病种、质量不好的种子剔除，并用药剂进行拌种和包衣处理，目的是降低病虫害的发生概率。晒种也可以唤醒休眠期的种子，促进种子种植后快速发芽，保证出苗率。

二、地块整理

（一）精细整地

为培育出高质量的小麦，需要创造良好的土壤环境。地块选择后，如果是在前茬为玉米的地块，可以用大动力的玉米收割机将秸秆均匀粉碎成3cm的小块，并结合地块的实际条件选择拖拉机进行深翻，目的是减少之前用旋耕机整地导致质量不高的问题。深翻时要保证深度在30cm以上，不能露白地，耙地时要反复进行，以使地面平整，土壤均匀，以提高土壤的保墒性能，使土壤上松下实，促进小麦根系的生长。

（二）培育土壤肥力

整地时在秸秆还田的基础上要对土壤增加有机肥的施量，以改善土壤结构。在正常情况下每亩* 施加有机肥3 000kg，氮磷钾肥各20kg。氮肥的施加主要以10kg作底肥，在小麦长大起身时进行追肥10kg，而磷肥和钾肥则全部作为底肥。对于缺少微量元素的土壤，要适量增施硼肥、锰肥等微量元素肥料。

三、播种

小麦在播种时要根据区域天气条件选择最适合的播种日期，同时根据土壤墒情和天气情况灵活选择种子类型，目的

* 1亩≈667m^2，1hm^2=15亩。全书同。

是提高出苗率和促进根系生长。小麦在播种时要选择适合的密度，种植密度根据种子类型和土壤条件进行，一般以每亩种植16万株最为适宜。在播种时间晚的情况下，要适当增加播种量，以提高幼苗基本苗。

四、田间管理

小麦种植后要进行田间管理，一要做好幼苗出苗后的查苗和补缺工作。在检查时如果发现大概10cm或更长的行内没有小麦幼苗，则需要进行补种。如果补种时间不及时，要在小麦长到两个分蘖时进行带水移栽处理。二要做好对小麦生长过程中杂草的防治，秋天、冬前及早春是清除杂草的最佳时期，可以利用科学方法根据不同的杂草种类进行不同方法的清除。

第四节　高　粱

一、选地整地

高粱根系发达，对土地的要求不高，在部分酸性较强或肥料较少的土地上也能生长。以往的种植经验表明，连作土地的高粱表现出很高的发病率与虫害率，因而种植人员应当尽可能避免在同一地块持续种植高粱，应合理轮作。选择好耕地之后，种植人员应当对土壤进行深翻，一般深翻需要控制在25cm左右，这是确保其产量的重点，也有助于土地保墒。翻耕时还应注意清理田间杂物，施用有机肥作底肥，具体施肥量应根据土壤肥沃程度确定。

二、适时播种

当地表下5cm的土壤温度大于10℃时即可播种。一般来说，春高粱播种时间为4—5月，此时地表温度保持在10℃以

上。过早播种，会对出苗时间造成一定影响，甚至可能出现种子死亡。夏高粱根据茬口，在夏季作物收获后及时播种。

一般来说，矮秆高粱可适度密植，栽培密度控制在18万株/hm^2左右，而高秆高粱种植密度应合理降低，以10万~15万株/hm^2为宜，以确保后期生长。

三、田间管理

（一）苗期管理

高粱出苗后3~4片叶时间苗，5~6片叶时定苗，可有效降低水肥消耗，确保高粱幼苗的健康生长。定苗后实施蹲苗，可促进高粱健壮生长，提升植株的抗旱和抗倒伏能力，提高最终产量。中耕2次，首次与定苗一起进行，10~15d后第二次中耕，以保墒提温，促进高粱根系生长，同时能够有效杀灭土壤内的杂草，降低杂草带来的危害。

（二）中期管理

拔节期到抽穗期田间管理的目标是合理协调高粱营养生长与生殖生长的关系，在高粱茎叶生长的过程中确保穗分化的正常进行，为未来穗大、粒多打好基础。这一过程的重点工作在于追肥、灌水、除草、防虫害等。

（三）后期管理

高粱抽穗期到成熟期是逐渐形成高粱籽粒的关键时期，和最终的产量有直接关系，在这一阶段田间管理的重点在于保根养叶、避免早衰、提高粒重。开展的主要工作是科学灌溉、施用粒肥、喷洒促进高粱成熟的植物激素或者生长调节剂等。

四、肥水管理

拔节期到抽穗期属于高粱生长最为旺盛的阶段。拔节期高粱生长的需水量较大，土壤湿度应当维持在75%以上，低于

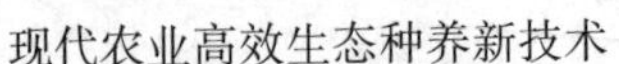

75%时则应及时灌溉；抽穗期属于高粱对水分最为敏感的时期，如果土壤湿度低于70%就应当进行灌溉。

对于施肥管理来说，首先是施足基肥，基肥可促进土壤肥力提升，同时确保高粱苗期的生长需求，为之后的生长打好基础，确保高粱在整个生育期可以持续从土壤内部获得需要的养分。基肥一般以农家肥为主，还可以适当搭配过磷酸钙、尿素以及复合肥，施用量为有机肥 30~45t/hm^2、过磷酸钙 450~600kg/hm^2、尿素 150kg/hm^2 或复合肥 450kg/hm^2 左右，可选择条施或撒施 2 种施用方式。其次是追肥工作，高粱生育期应当进行 2~3 次追肥，即提苗肥（当高粱定植存活后，结合幼苗实际生长情况，选择淡粪水与少量尿素进行追肥，加尿素 75~150kg/hm^2）、拔节肥（一般在高粱 10 片叶时施加，施用尿素在 300kg/hm^2 左右）、孕穗肥（当高粱 13 片叶时施用尿素 150kg/hm^2）。

此外，还需要定期清除田间杂草，以更好地优化土壤水肥条件，确保高粱健壮生长。

五、适时收获

沿黄淮地区高粱收获期通常在 9 月中下旬，收获指标是用指甲掐破籽粒无浆液，粒色鲜艳且有光泽。高粱收获应当遵循宜早不宜迟的原则，收获后及时晾晒或烘干，将其水分保持在13%之内，通常可选择大型改装高粱割台和轮式玉米收割机进行收获，收获后要做好储藏管理，确保农户经济效益。

第五节　谷　子

一、选择优良品种

由于白发病在谷子种植中是常见病，为了降低这类病害发

生的概率，就需要选择抗病性较强的种子，同时选择适宜当地气候条件、适应性广、高产量的优质品种，如黄金苗、豫谷19、陕西大粒红谷等。品种的好坏是影响产量高低的关键，最好选择外观色泽金黄、颗粒饱满的品种，尽量选择早熟品种，熟期早的品种可缩短后期生育时间，减少耗水量，减少后期干热风的危害程度。此外，也要重视购买有防伪标识的种子，保证品种来源，从而提高种子的成活率。

二、播种前种子的处理

在选择优种的基础上进一步精选种子，通过通风或水选提高种子纯净度。为了防止种皮带菌，于每天中午暴晒 2~3h，连续晒种 3~4d，然后把种子和防止病虫害的药剂进行拌种，再晾晒后可进行播种。

三、土地的挑选、整地及施肥

首先要选择有机质丰富的土壤，土层要深厚、土质要疏松，地势要高、排水要良好。其次整地是关键，谷田整地以秋冬季为宜，做到土地平整，上虚下实，适当加深耕作，在耕地的同时进行杂草处理，一般秋翻在 30cm 以上，有利于谷子根系生长，吸收充足的水分和养料，翻后立即耙压，保住土壤中水分。最后可以施基肥，因为磷、钾肥不易流失，可以全部用来作为基肥，如果用作追肥应尽早施用。为改善土壤结构，尽可能选择有机肥，在施用有机肥之前要加足底肥，以保障土壤营养充足；也可以施入足量优质农家肥，从而提高土壤的营养成分，有助于谷子种子的发育和成活率。

四、播种

选择适宜的播种温度，谷子发芽最适宜的温度在 13℃左右，根据谷子发芽需求，依据当地降水量和地温条件适时播

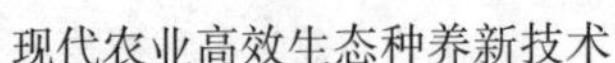

种，保证播种后的出苗率。同时播种深度对幼苗的影响很大，干旱时不宜深中耕，因为种子中的营养物质比较少，播种过深可能因为营养物质缺乏难以出土，适宜的深度能使幼苗早出土，较少地消耗养分，更有利于长成壮苗。

五、适宜的收获时期

适时收割是保证谷子丰产的重要环节，一是不要早收割，会缩短谷子生长周期；二是不要迟收割，会因风落粒，使大量谷粒无法收获。适宜时期为谷穗上 90%的谷粒变成本品种的特征色，谷穗好像挂着一层灰，仅有个别绿粒，用手能搓出饱满谷粒。谷子脱粒后应及时晾晒，防止霉烂，一般含水量在 13%以下才可以入库储藏。

第六节　油　菜

一、适时播种

油菜对于播种期的要求比较高。春油菜是指在春季播种、秋季收获的一年生油菜，在冷凉地区，油菜不能安全越冬，所以主要种植春油菜。春油菜喜热怕寒，一般是在 4 月左右种植，9 月左右收获。在种植油菜时要根据当地的气候条件以及油菜的品种特性选择适合的时期种植。对油菜进行适时种植能够促进油菜早生快长，能够提高春油菜的产量。种植油菜时，还要注意油菜种植的疏密程度，一般每亩种植 15 万株左右，但是在种植时要具体根据当地的气候条件及土壤肥力等合理控制种植数量，将数量控制在 15 万~20 万株。

二、育苗移栽

油菜一般以育苗移栽为主，尤其是栽大苗更是使油菜获得

早熟和高产的关键。在油菜播种前 1~2 个月，可以在温室内进行阳畦播种，播种前要施入足量的优质腐熟有机肥，在播种时要浇足水，然后装上底土，均匀地播撒种子。在出齐苗或间苗后还要分别再覆土，以使油菜苗长齐、长全。另外，还要注意，育苗期间不要使温度过低，也不可缺肥，在定植前要对油菜幼苗进行锻炼，以提高油菜幼苗的抗逆性。

三、油菜定植

油菜定植一般是在油菜播种后的半个月到一个月，就可以陆续定植到塑料大棚、地膜覆盖、阳畦区等，对于移栽的地块应提前施肥，保证土壤的肥力，在定植后进行浇水，但注意一定要少量，之后可以在畦面覆盖薄膜，可以使油菜苗尽快生长。

四、深耕细整土地

油菜的根系发达，叶茂盛，需要土层深厚、肥力高、土质疏松的土壤条件，并且要求水分适宜。对于种植油菜的土壤，要保持其土壤透气性，利于油菜生长，如果土壤板结，不利于油菜发芽，即使出苗也容易造成烂根，在移栽时不利于油菜生根，油菜不易生长，严重时甚至会造成油菜死亡。对于栽培油菜的土地要进行深耕细整，尤其是移栽油菜时，为了保证油菜的良好生长，应及时整地，使土粒均匀疏松，利于移栽的油菜苗生根发芽，提高成活率。

五、田间管理

油菜出苗后，要进行精细管理，对于缺苗的情况要及时补栽，还注意合理施肥、浇水、除草等。油菜是需肥作物，施肥要早，施肥时要注意有机肥与化肥结合、氮肥与磷肥结合；要适时对油菜浇水，保持土壤水分合适；及时对油菜田进行除

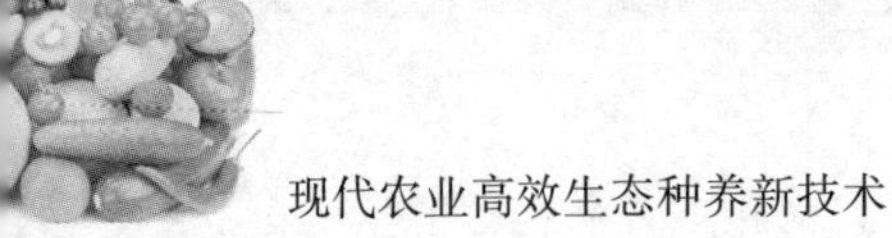

草，以免杂草影响油菜苗生长。

第七节　花　生

一、播种技术

选择适宜于本地种植的花生品种，须在4月中上旬至6月中上旬期间进行播种，并且可以根据花生种植的茬口适当早播。在进行种子播种前，需要对种子进行2~3d的晒种，再于播种前的10~15d对花生进行剥壳，而后通过配制30mL高巧悬浮种衣剂加上15mL拜力特溶液对种子进行浸泡包衣处理，降低病虫害对种子的威胁。在进行田间的播种时，根据播种时间的不同，花生高产栽培的种植密度也各不相同。选择春播时，花生的种植密度应为8 000~9 000株/亩，每穴播种两粒种子。选择夏播时，花生的种植密度应为9 000~10 000株/亩，同样也是每穴播种两粒种子。同时，在花生播种时，最佳的种植模式应为宽窄行种植或等行种植，其中宽行的宽度应在40cm左右，窄行为20cm左右，每穴之间的距离应当控制在18~20cm。等行种植，则是在穴距与宽窄行种植相同的情况下，将行距控制为30cm左右。此外，在进行播种时，还可以采取起垄栽培的方法，这种方法的应用更利于在种植花生的过程中进行排水灌水，并且也利于花生的结果。一般在实际应用时，需要将垄面的宽度控制在60cm左右，垄沟的宽度则应在20cm左右。

二、田间管理

花生的田间管理工作，往往涉及多种内容，但无论采取哪种田间管理措施，其目的都是保障花生种植后的产量与品种。常见的花生田间管理措施如下。

（一）查苗补种

在进行花生的高产栽培时，应在花生出苗后的 3~5d，对田地中的花生幼苗生长情况进行检查，并对其中出现缺苗的位置进行补种，以确保花生栽培时，单位面积内的花生植株达满足农户种植计划的具体要求。

（二）清棵壮苗

这项田间管理需要在花生齐苗并进行第一次中耕后展开，在此过程中，首先需要使用小锄围绕着花生幼苗的四周扒开土壤，并使花生的子叶以及侧枝露出土面，使幼苗得以健康发育，并具有明显的增产效果。

（三）中耕除草

花生进入苗期、团棵期、花期这几个阶段后，要在每一个阶段都采取对应除草措施，并根据“浅、深、浅”的原则，避免在苗期内除草时，对花生造成损伤，同时在花生开花后的 15d 左右还应进行培土工作。

（四）化学调控

为实现花生的增产，可以在田间管理的过程中，适量喷施药物，来促进或是控制花生的生长。

三、肥水管理

在种植花生时，要保证底肥的充足，并确保其能够占总施肥量的 80%左右。而为了实现花生的高产，就要根据花生的特点，在花生生长的不同时期，开展相应的水肥管理。在团棵期，应当适当的使用尿素、过磷酸钙、复合肥等肥料进行追肥，并确保土壤中的水分为田间最大持水量的 50%~60%。而花生进入开花下针期以及荚果充实期后，可以在花生的叶面施加相应的叶面肥，以促进花生根瘤的形成，使其更加健壮。同时，在此阶段中如果出现了干旱的情况，则应当及时进行补

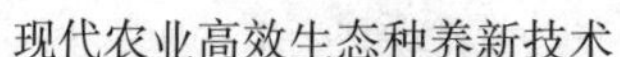

水。而结荚期作为花生栽培的关键时期，应以磷肥与钾肥作为主要的叶面肥进行施加。

第八节　大　豆

一、准备栽培地块

（一）整地

在播种前应对栽培地块进行整地，整地包括耕作、耙耢、镇压等。由于地块的特点有所不同，如土壤性质、墒情等各有差异，整地的方法也会不同，有时还会采取平翻、起垄、灭茬、深松等整地措施。

（二）灌溉

如果地块的墒情比较差，应积极创造条件，在播种前进行1次灌溉。灌溉可在播种前2d进行，喷灌时的灌水量以将土壤表面浸湿即可。播前灌水，提高土壤墒情，有利于播种后种子提早发芽。

（三）封闭除草

对于规模化栽培的大豆田来说，栽培面积大，杂草为害比较严重，应采取封大田闭式除草的方法控制杂草。

二、合理密植

栽培密度往往会对产量产生直接的影响。合理密植就是根据栽培条件，确定合理的株间距，使植株个体和群体分布合理，充分利用土壤中的养分及光照，既保证个体良好发育，又保证群体得到最佳发展。确定栽培间距应主要考虑大豆品种特性、土壤的肥水条件、栽培时间的早晚等多种因素。东北大豆的栽培密度一般为：土壤肥沃地块每亩保苗8 000~10 000株；

瘠薄地块每亩保苗16 000~20 000株；高寒地区栽培早熟品种时，每亩应保苗20 000~30 000株。

三、播种方法

主要有以下几种方法：窄行密植、等距穴播、60cm双条播及精量点播等。窄行密植法即以40~50cm的宽度播种，出苗后要加强田间管理，可有利于大豆增产。等距穴播法即采用播种机将挖坑、撒种、镇压一次性完成，提高播种效率和播种质量，使密度合理，群体发展均衡，增产效果好。60cm双条播法即采用机械进行平播，播种后进行起垄，保证出苗整齐，减少杂草量。精量点播法即在原垄上用精量点播机进行播种，此种方法可以确保密度适宜、撒种均匀，无须进行间苗。

四、田间管理

（一）苗期

一是间苗、补苗。大豆出苗后要将病苗、弱苗和多余的苗拔除，如果缺苗严重，应采取移栽和补种的方法将苗补齐。二是中耕除草。在大豆栽培中，每年需进行中耕除草3~4次。通过中耕可以破除土壤板结，增强土壤的疏松性，提高植株根部土壤的温度，有利于根系发育，中耕的同时将杂草清除。三是追肥。播种前应施足底肥，提高土壤肥力，如果底肥施用不足，或者根本未施用底肥，应在苗期进行追肥。追肥以氮肥为主，磷钾肥作为补充。四是灌溉。如果苗期遇上干旱缺水，应进行灌水缓解旱情，直接将水灌进垄沟中即可，但灌水要适量。

（二）结荚期

结荚期田间管理的目标是，确保增加花荚量，以促进大豆产量的提高。大豆封垄前要清理干净田间的杂草，根据植株的

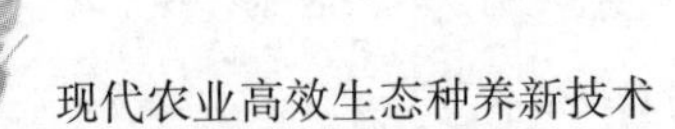

长势情况，合理灌水和施肥。植株长势差要追施磷肥和钾肥，遇到天气少雨干旱，要进行适当灌水。适当追肥、合理灌溉，可以防止花荚脱落，避免影响大豆的产量。

（三）鼓粒成熟期

此期应确保田间的水分适宜。如果天气过旱应及时进行补水灌溉，及时缓解旱情，有利于促进大豆灌浆，增加籽粒的饱满度，提高大豆的千粒重。

第九节 甘 薯

一、育苗技术

根据各个地区的具体情况，选择适宜在该地区生长、高产的甘薯品种。品种选定后，就要选择壮苗。壮苗的一般标准为：叶片肥厚、色深、节间短、茎粗壮、根系粗大白嫩、苗长20~25cm、单株重量在50~70g。育苗时，将温度控制在16~35℃；在萌芽期，将相对湿度控制在70%~80%；在炼苗期，将相对湿度控制在60%左右。为缩短育苗时间，可采用电热温床、冷床双膜进行育苗。育苗时，各个薯块之间保持3~5cm的间距。

若种植菜用甘薯，则苗床相对湿度控制在80%左右，温度控制在15~18℃。

二、密植技术

甘薯合理密植，是指在单位面积上有足够的株数，这样能充分利用光能和地力，增加薯块在单位面积上的数量，获得高产。但甘薯种植密度过大时，会造成单株营养面积过小，根系发育不良，继而导致减产。因此，甘薯的栽植密度应根据各地区的具体情况（包括土壤肥力）、品种特性、栽植时间和方

法，以及种植甘薯的具体种类来确定。肥水条件好的地宜稀，旱薄地宜密，施肥多的地宜稀，施肥少的地宜密。

三、田间管理技术

在甘薯生长前期，必须将种植区 5cm 地温稳定到 15℃左右。在种植薯苗后 2~3d 查苗，发现弱苗、缺苗，必须及时补栽。适时锄地，通过锄地可以破除土壤板结，并提高 5cm 地温。采用滴灌技术，对薯苗进行精细化浇灌。

在甘薯生长中期，必须做好防旱、排涝、浇灌等工作。必须保护好甘薯的茎叶，适当翻蔓可以提高其产量和质量。不过要轻轻提蔓，切忌随意折断茎蔓。

在甘薯生长后期，要合理追肥，并做好排涝，防止甘薯块根腐烂。9 月之后，必须停止浇灌。

第二章　蔬菜高效生态种植技术

第一节　番　茄

一、选用品种

选用优质、高产、抗逆性强、商品性好、耐贮运、适合本地栽培、适应市场需求的番茄品种。

二、培育壮苗

1. 育苗设施

根据栽培季节、气候条件的不同，选用温室、塑料棚、阳畦、温床和露地育苗。夏季露地育苗要有防雨、防虫、遮阳设施。

2. 种子处理

用55℃温水浸泡30min，不停搅拌，待温度降至30℃时，继续浸泡6~8h（防治叶霉病、溃疡病、早疫病）；用40%福尔马林300倍液浸种1.5h（防治枯萎病、早疫病）；将经消毒浸泡后的种子洗净，用湿布包好，置25~32℃环境中保温保湿催芽，当70%以上种子露白时即可播种。

3. 育苗床准备

苗床土配制应根据当地条件灵活掌握。草炭是目前番茄育苗床土配制的好材料之一，它质轻孔隙度大，有机质含量高且资源丰富，大有应用潜力。另外，稻壳、炉渣、土杂肥、马粪等均可用作配制苗床土。森林腐叶土又称山皮土，是森林中堆

积的多年腐烂枯枝败叶及杂草残体与地表土的混合物，有机质含量丰富，过筛后可直接与园土等混合配制床土，不需经发酵过程，是一种良好的速成床土。播种前对床土进行消毒，对防治苗期病虫害起着重要作用，其目的是以防为主，防治兼并。常用药剂有 0.5%的福尔马林、65%的代森锌粉剂、50%的多菌灵粉剂及氯化苦、溴甲烷等药剂。

4. 播种

根据栽培季节、气候条件、生产条件、育苗选择适宜的播种期。亩用种量为 20~30g，每平方米播种量为 10~15g。播种前浇足底水，湿润至床土深 10cm，水渗下后用营养土铺一层，找平床面后播种，然后覆 0.5cm 厚的细土。

5. 施肥

在施肥时，氮、磷、钾合理的配合比例为 1∶1∶2，亩施腐熟有机肥 3 000~5 000kg，配合施入过磷酸钙 25kg、钾肥 20kg（或草木灰 80kg）。

三、田间管理

1. 整枝、搭架、绑蔓

及时搭架、绑蔓、整枝打杈、中耕除草、摘除枯黄病叶和老叶等。整枝方式主要有两种，一种是只留主干，侧枝全部摘除（侧枝长到 4~7cm 时摘除为宜），称为单干式整枝；另一种是除留主干外再留第一花序下的侧枝，其余侧枝全部摘除，称为双干整枝。不管采用哪种整枝方式，都要注意及时绑蔓。

2. 保花保果

为防止落花落果，可于花期用 10~20mg/kg 2，4-D药液浸花或涂花，或用 20~30mg/kg 的番茄灵喷花。植株生长中后期，下部的老叶也可适当摘除，以减少养分消耗，改善通风透光；无限生长型品种在 4~5 台果后要及时打顶，提高坐果率，促进果实成熟。

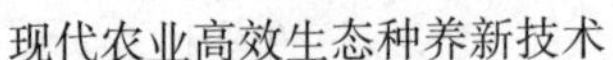

3. 肥水管理

番茄生长期适当追肥，不可偏施氮肥，配合磷钾肥。一般于定植缓苗后施催苗肥，促茎叶生长。第一穗果开始膨大时，结合浇水开沟追尿素 10～20kg、硫酸钾 3～5kg，促果实膨大，第二穗果坐稳后，开沟或穴施硫酸铵 15～20kg、硫酸钾 5kg，以后每穗果追一次肥。在果实生长期间用 1.5%过磷酸钙或 0.3%磷酸二氢钾溶液进行叶面追肥，有利于果实成熟，提高产量。定植缓苗后需中耕保墒，第一花序开花期间应控制灌水，防止因茎叶生长过旺引起落花落果。第一穗果坐果后，植株需水较多，应及时灌溉。

四、适时采收

采收的标准是：果实充分膨大，果皮由绿色变黄色或红色。要选择无露水时采收。夏秋露地栽培的必须在初霜前采收完毕。采收过程中所用工具要清洁、卫生、无污染。

第二节　茄　子

一、播种

(一) 种子准备

茄子在种植时，都是以幼苗的形式进行栽种的，而在我国北方，为了保证茄子的产量和质量，必须要对育苗工作进行精细管理。通常在育苗前需要对种子进行合理选择，首先在购买种子时，要从专业的厂家进行购买，然后将购买到的种子放置在 55℃的温水中浸泡 15min，最大限度消除种子携带的各种病菌和微生物，并剔除其中发育不良的种子，这样能够有效保证种子的发芽率。然后进行催芽，要将种子用纱布包裹后，放置在 27℃的地方，做好保湿工作，使其发芽。

（二）育苗

在茄子播种时，需要考虑茄子本身的生长环境要求，茄子属于一种不耐低温的蔬菜，所以在北方地区想要进行茄子种植，就必须要保证其生长温度。通常北方地区在秋冬季节进行茄子播种时，要合理调控昼夜温差，在播种之后的7d之内，如果出苗率到达2/3就需要进行通风。茄子在出苗结束之后，种植人员还需要对其进行分苗操作，根据幼苗的生长状况，将其合理移植到相应的营养土中，使其在营养土中能够快速生长，在该过程中，要做好根部的保护，在营养土中生长时，还要定期进行浇水保持土壤的湿度，并做好追肥工作，为其生长提供充足营养。

（三）定植

种子在出苗结束和营养土培育完成之后，就要进行定植，在定植时需要控制好茄子植株之间的距离，以26cm为最佳，在定植结束之后，在其表面覆盖一层保温膜，保持土壤温度和湿度。

二、田间管理

（一）温度管理

首先在播种完成之后，就需要进行有效的田间管理，而温度管理是其中十分重要的环节；其次在生长的过程中，对环境温度的要求比较高，最好将环境温度控制在合理范围内，为茄子的生长提供适宜的温度。随着茄子的不断生长，温度管理也需要随之发生改变，在茄子定植完成之后的短期内，需要将温度控制在35℃左右；在开始缓苗之后，则需要控制在29℃左右；随着茄子的不断生长，大棚内的温度也可以适当降低，但要控制在14~18℃，尤其是要注意夜晚的保温工作。

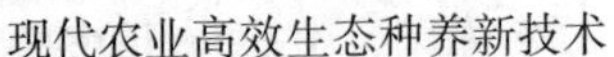

（二）肥水管理

茄子在生长的过程中，必须要为其提供充分的水分和肥料，首先在定植之后，先要对幼苗进行浇水，促进幼苗缓苗，这之后还要进行一次暗沟浇水，保持土壤湿度，同时做好通风排湿工作，为茄子的生长提供最佳湿度环境。在该过程中，追肥工作也是十分必要的，茄子生长过程中，需在 20d 左右就要进行一次追肥，主要以尿素和磷酸二铵为主，保证茄子生长过程中的营养充足。

（三）整枝打叶

茄子在生长的过程中，整枝打叶能够保证茄子的质量。1 株茄子一般会长出 7 个左右的果实，如果不对其进行整枝打叶，就会影响其他茄子的生长，所以必须要将向外生长的侧枝剪掉，留下向上生长的主干，保证主干上的茄子能够快速生长，保证茄子的质量。

第三节　西蓝花

一、播种时间

秋季双覆盖栽培于 7 月上旬播种，日光温室越冬栽培于 7 月下旬至 8 月播种，日光温室早春栽培于 9 月上旬至 10 月初播种，塑料大棚、小拱棚春早熟栽培于 11 月播种，春地膜栽培于翌年 1 月播种。

二、种子处理

1. 浸种

用 33℃的温水浸种 15min，并不停地搅拌，待水温降至 20℃时停止，继续用温水浸泡 4h，用清水淘洗干净后催芽。

2. 催芽

将浸泡过的种子用湿润棉纱布包裹，在30℃的温度下进行催芽。每天用清水淘洗1次，待60%的种子露白时播种。

三、合理定植

当苗4~5叶时开始大田定植，大田内需用小拱棚，秋播应在7月上旬露地育苗，播后盖遮阳网，待出苗以后及时拿掉遮阳网，喷药防止猝倒病和地下害虫，秋季育苗用种量可稍多于春季，苗龄在25d 4叶1心时就可移栽至大田，春天每亩2 700~3 000株，秋季每亩2 000~2 500株，栽植时浇定根水1次。

四、中耕管理

适当中耕，铲除杂草，一般中耕1次，深松结合追肥1次，人工除草两次，宜早宜勤。

五、追肥方法

采用人工或机械条施追肥的方法，在定植的7~10d追第一次肥，追尿素5kg/亩、硫酸钾10kg/亩；15~20d追第二次肥，追复合肥25kg/亩、硫酸钾10kg/亩；花球形成初期喷磷酸二氢钾、硼宝或0.05%~0.10%的硼砂和钼酸铵溶液1次，以提高花球质量，减少黄蕾、焦蕾的发生，同时亩喷施植物生长剂，促进花球膨大，增加作物营养，提高作物的抗逆抗病能力。

六、灌溉方法

西蓝花需水较其他作物稍多一些，除苗期应适当控制土壤水分外，其他各生长发育期应保证水分充足，一般用人工沟灌或机械喷灌，最好采用先进喷灌设备。

七、除去侧枝

顶花球是专用品种，应在花球出现前摘除侧枝，顶侧花球兼用品种侧枝抽生较多，一般留上部健壮侧枝1~2个，其余除掉，以减少养分消耗，当60%~80%的主茎花球采收后，浇水追肥，促进侧枝花球的生长，当侧花球长至直径达10cm左右时采收。

八、适时采收

采收前两周禁止使用各种农药，采取人工收获的方法，以清晨和傍晚采收最好。

第四节　山　药

一、种苗的制备

种苗制备方法有3种：一是使用山药栽子，取块茎有芽的一节，长20~40cm。二是使用山药段子，将块茎按8~10cm分切成段。三是使用山药零余子。选用种苗首选零余子育苗，其次是栽种1~2年的山药栽子，超过3年的不能用。用山药块茎作种苗是比较先进的栽培方法，既解决了种苗数量不足的问题，且产量高，又能防治品种退化。分切山药段子，一般栽种时边切边种，用300倍多菌灵药液浸泡1~2min，晾干后即可播种。

二、土壤选择与准备

山药忌连作，前茬以小麦、玉米等作物茬较理想，要避免在花生、马铃薯茬上种植山药。选择肥沃、疏松、排灌方便的沙壤土或轻壤土，且土体构型要均匀一致，土层厚度应在

1~1.2m，忌在盐碱和黏土地及活土层浅的地方种植。

为了保证山药块茎健壮生长，提高品质，在栽植前要对土壤深翻施肥，为块茎的生长创造良好的土壤条件。一般深度为80~100cm，结合深翻，捡除砖头石块地膜及作物根茬等块茎生长阻碍物，每亩施优质土杂肥4 000kg左右，高钾复合肥40~60kg，施肥时要求与土充分混合均匀，以防烧苗。

三、适期播种

山药一般在清明前后播种，播种时要处理好种薯，以防腐烂。播种前晾晒山药苗，这样可以活化种薯，又能起到杀菌的作用，以提高出芽率。若用山药茎块切断作种薯，可用500倍液的多菌灵可湿性粉剂、72%的百菌清1 000倍液浸种3~5min，晾干后即可播种，播种前可在种子表面喷洒新高脂膜。

四、合理密植

山药可采取双行或单行种植。双行种植时，大行距1.7~1.8m，小行距40cm，株距在20~25cm，沟深85~100cm，沟宽70cm。单行种植时行距80~100cm，沟宽30cm，沟深90~100cm，株距20~25cm。

五、生长期管理

覆盖栽培：由于山药怕涝也不耐旱，干旱对山药产量的形成影响较大，因而在山药播种后，要及时用地膜对播后的种子进行覆盖，以减少土壤水分的蒸发损失，促使土壤水分的利用最大化，以利于产量提高。最好用黑膜覆盖，以减少田间杂草，降低田间用工量，节约生产成本。

追肥：山药植株生长量大，生长迅速，对肥料的需求量大，在山药生长期，一般需追施2~3次，在地上植株长到1m左右时追施1次高氮复合肥，以后每隔一星期左右追施1次，全生育期追施 3 次即可。山药膨大期以磷钾含量较高的多元素复合肥为主，每次每亩施 15~20kg。生长后期可叶面喷施 0.2%磷酸二氢钾和 1%尿素，防早衰。

搭架栽培：山药为蔓性植物，出苗后要及时搭架，架高在 2m 左右，正面呈“人”字形，侧面斜向交叉，隔 7~8m 用粗竹竿或木棒加固，架要搭牢，以防歪倒。

及时除草：山药根系分布较浅，杂草生长会严重地影响植株的生长，对产量的形成非常不利，生产中应及时除草，以减少对土壤养分、水分的损失，促进产量提高。

适时采收：山药的茎叶遇霜就会枯死，一般正常收获期是在霜降至封冻前，零余的收获一般比块茎早收 30d。山药收获较费工，大面积种植时可用机械收获，以提高劳动效率，降低劳动强度，小面积种植的山药以人工采收为主。收刨的山药最好带泥包皮堆放，以待销售。

六、贮藏

山药薯块较耐寒，在短期-4℃以下不表现冻害。适宜的贮藏温度为 0~2℃，相对湿度 90%左右。少量的可采用沟藏或筐藏，量大时可用冷库或气调库贮藏，常用的贮藏方法如下。

沟藏法：挖 1~2m 深、宽 1m 左右的沟，挖出的山药立即排放入沟，一层山药一层土，高度不超过 80cm，顶部盖一层细土。随着气温下降，加盖覆土，以冻土层距山药顶部厚度 5~10cm 为宜，可贮藏至翌年 3—4 月。

筐藏法：将日晒消毒的稻草或麦草铺垫在消过毒的筐或箱四周，再将选好的山药逐层堆至八分满，上面用麦草覆盖。最后堆放在库房内，保持库内适宜温度，为防止地面湿气，可在筐底垫上砖头或木板。

第五节　白　菜

一、选种

想要提高白菜产量，要选择优良品种，否则生长期间很容易受到病虫害的侵害，如可以选择一些抗逆性比较强的白菜品种，并进行有效地筛选，去除当中的杂质，保证种子的纯度并提高净度。此外，还要科学地处理种子，将种子在冷水中浸泡10min，之后捞出置于50℃的温水中，以浸泡30min为宜，对种子进行消毒杀菌，保证一播全苗。

二、播种

大白菜可以选择直播的方式，一般划分成条播和穴播。条播是在垄面上划一道2cm的浅沟，要在沟中进行均匀播种，并覆土。在垄上开穴播种，确定亩株数，平均每穴中放进10粒。直筒类型的品种每亩需要定植3 500株，合抱型和叠抱型的品种需定植2 000~2 800株。

三、做好田间管理

(一) 大白菜对养分的吸收状况

大白菜对氮、磷、钾的需求比例为1：0.5：1.2，对钾的需求大于对氮的需求。

一是氮肥施用要适量。以基肥为主，基肥与追肥相结合。追肥以氮为主，氮、磷、钾三要素合理配施，适当补充微量元素。

二是提高磷、钾的施肥比例。钾有利于大白菜的包心和提高抗病性能。包心期的大白菜如果磷、钾供应不足，就不会结球。适宜的施钾量为每亩硫酸钾16kg，而且要分基肥和追肥两次施用：基肥在定植时施于穴（塘）底，追肥是在莲座期

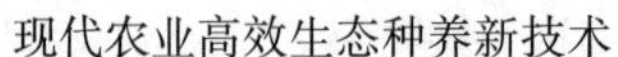

结束蹲苗后，结合追施氮肥和灌水时一起进行。

三是要补充钙素。大白菜是喜钙作物，缺钙容易引起“烧心病”。通过底肥施用过磷酸钙补充了钙的营养，这对预防大白菜“干烧心”病的发生十分有利。补充钙营养是预防大白菜“干烧心”病的核心技术。也可采取叶面喷施0.3%～0.5%的氯化钙或硝酸钙（每隔7～10d喷施1次）补充钙素。

（二）在中耕同时进行锄草

中耕时清除杂草，可避免地面出现板结，加强土壤通气。在成苗后，中耕除草注意远苗处宜深和近苗处宜浅。选择深沟高畦时，栽培人员必须锄松沟底以及畦面两侧，还要将土放在畦侧或是畦面上，有助于沟路的通畅性，并方便有效地进行排灌。

（三）水肥管理

一是白菜幼苗阶段的管理。这一时期的植株生长总量并不是很大，对于水肥所需比较少。然而根系还是不够发达，缺乏吸收水肥方面的能力，幼苗阶段的水分充足，有助于白菜幼苗的生长。破心时，追施粪液1次；定苗之后或者是移植成活之后要施肥，开沟时施浓粪肥，同时需要配合上磷钾化肥。二是莲座阶段。该阶段是白菜生长的主要阶段，做好水肥管理是提高白菜产量的重中之重。要在莲座时期增加施氮量，结合磷钾肥，可以促进叶片的生长，有效地控制徒长，提高抗性。三是结球阶段。施肥应掌握在结球前期追施一次重肥，到结球中期，再结合灌水施一次灌心肥。

第六节　空心菜

一、播种时期

合理确定空心菜的播种时间，才能确保空心菜的种子在播

种后有最佳的生长条件，尤其是反季节的空心菜种植，更需要根据往年的栽培经验，逐年改进播种时期，才能获得更好的种植效益。一般而言，当前空心菜反季节栽培多选取10—12月播种，当年12月至翌年3月可以采收上市。

二、种子处理

基于空心菜种子种皮厚实且较硬的特点，在播种之前，必须采取一定的措施，对种子进行处理，使其能够软化，在播种后能够适应土壤环境，在最短的时间内生根发芽，避免因低温阴雨天气而出现烂种现象，影响空心菜的成活率。通常空心菜种子的处理，都采用浸水的方法催芽，在催芽之后才进行后续播种，而具体的催芽方法是：将空心菜的种子浸泡在30℃的温水中，时间以18~20h为最佳，在浸水之后，还需将这些种子用纱布包裹起来，放置在30℃左右的催芽箱内进行更进一步的催芽，当有50%~60%的种子露白时，便可以停止催芽，等待后续播种。

三、大棚管理

（一）温湿度管理

空心菜大棚栽培时，气温低，湿度大，且持续的低温阴雨天气时间长，对喜温的空心菜生长极为不利，因而保温防寒是栽培的关键。播种后，应及时密封好大棚，保证棚内温度高于10℃，否则会引起冻害，同时在阳光充足、温度较高时，应加强通风，尽量避免大棚内的温度高于35℃，防止植株发生病害，以保持植株的旺盛生长，提高产量。大棚内湿度较高时必须及时揭开大棚两端或四周的薄膜进行通风降湿。

（二）肥水管理

空心菜是多次采收的作物，因此除施足基肥外，必须进行

多次分期追肥才能取得高产，苗期可用5%~10%的稀人粪尿淋施，每亩用量为1 000~1 500kg；当幼苗有3~4片真叶时，用复合肥15~20kg和尿素2~4kg混合施用；采收期每采收1次用复合肥5~8kg/亩追肥。空心菜需水量较大，应经常浇水以保持土面湿润。生长期间要及时中耕除草，封垄后可不必除草中耕。

（三）病虫害防治

主要病害有苗期的猝倒病和茎腐病，是由于气温低、相对湿度过大所引起的，通过降湿可减轻病害的发生，可用瑞毒霉或卡霉通防治；主要虫害有螨类和红蜘蛛，可用克螨特或卡死克防治。

四、采收

适时采收也能提高空心菜的种植效益，所以采收人员应当根据空心菜的长势，选择合适的时间采收空心菜。就一般而言，空心菜的种子在播种之后，同时达到以下2个条件便可以采收，即播种之后35~45d、植株长至35cm。

空心菜反季节栽培需要注意一定的技巧，且需从选择品种、播种时期、种子处理、整地施肥、种植方法、大棚管理、病虫害防治、采收8个方面一一优化完善，才能从根本上提升反季节种植质量，为空心菜的生长提供良好的生长环境，达到提升种植效益的最终目的。

第七节　辣　椒

一、选择优良品种

选择产量较高、品质较好、抗病丰产的辣椒优质品种。种植人员在选择品种时，需考虑各地消费群体的食用习惯。注意

品种的耐热抗寒能力，方便运输耐储藏的品种。

二、培育壮苗

辣椒育苗进入准备阶段后，加强苗床管理，培育壮苗可促进辣椒优质、高产。辣椒壮苗的正常表现为幼苗茎秆秸短粗壮、叶片肥厚色深光泽、根系茁壮发达、花蕾整齐。

（一）选择好的土壤、床土消毒

土壤最好要选择在向阳面，保证阳光充足，选择生茬地，避免重茬地块。提前对苗床土壤进行深翻耕、晾晒、消毒，有效杀灭土壤中的病原菌和害虫。

（二）科学选种、育苗浇水

要选择优质种子进行播种，播种密度不能过高，这是育壮苗的关键点。注意通风降温，适时浇水，及时观察防治虫害。

三、苗期管理

幼苗期，应控制湿度，降低棚内湿度，疏松土壤，减少病害的发生。齐苗时浇水保湿，保持播种时水浇足，移植时一般不适宜浇水，防止空气湿度过大，不利起苗。

成苗期，在水分充足条件下，提高棚内温度促进缓苗。但定植后 1 个月内一般不要浇水灌溉，防止降低地温，影响苗期长势。

四、整地施肥和定植

辣椒对肥料需求性大，生长期间，需要多次追肥。在播种前，要整地施足基肥，最好一次性施足有机肥，均匀地撒在土地里，松土翻播。为防止辣椒生长期间营养不足，可以进行叶面追肥补充营养，保护辣椒苗质量茁壮成长。禁止施用化肥，保护根系，有效防止落花落果。

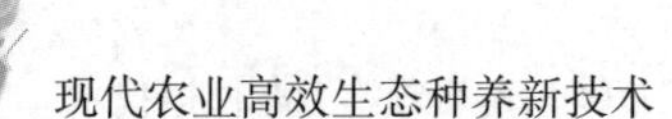

定植之前，施用优质腐熟有机肥。定植深度不宜过深过浅，加强肥水管理灌根杀菌，可提高植株抵抗能力，促进生长，同时也可防治苗期虫害。

五、收获

辣椒收获季节，一般是春种秋收，错过最佳收获时间，会影响辣椒的产量与质量。由于地域不一样，辣椒收获时间存在差异，南方辣椒一般在6—7月开始采收，一直到11月结束。北方辣椒在农历9月、10月成熟。如果是棚内种植的辣椒，则一年四季都可以收获。辣椒可多次采收一直到霜降节前，如遇干旱年份，收获时间可提前到秋分前后，应掌握在辣椒变红后再采收。辣椒未熟期：此期果实和种子尚未进行充分膨大，果实为绿色。此期的后半期，为普通菜椒类品种的商品果收获期。辣椒绿熟期：此期的果实和种子达到充分膨大，完成了形态的发育，果皮变硬，果实呈暗绿色。此期的果实重量达到最大，为普通菜椒类品种获取高产优质的最佳采收期。辣椒转色期：此期果皮出现红色，果实成茶褐色。此期除了一些本色类水果型辣椒品种可以采收外，其他品种均不适合在此期收获。辣椒完熟期：此期果皮中的叶绿素完全消失，整个果实红色。此期为大多数水果型辣椒品种的适宜采收期。采后在通风良好的条件下自然风干，然后分级、包装、出售。

第八节　丝　瓜

一、播种育苗

（一）播种时间选择

目前主要利用电热温床进行育苗。大棚早熟品种栽培于1月中旬至2月上旬播种；小拱棚早熟品种栽培于2月中下旬播

种。大棚、小拱棚冷床育苗适宜于低海拔沿江河谷地区，播种期为2月下旬至3月上旬。

(二) 种子处理

首先用50~55℃的温热水进行浸种，高温打破种子休眠期；保持水温50~55℃约20 min，并不断搅拌使水温降至30℃以下。洗净种子，在清水中浸泡24h即可捞出催芽。

(三) 催芽

用纱布或麻袋布将种子包起来，当布包不再滴水即可；置入发芽箱或热炕、电热毯等处，保持温度25~30℃，保持湿度。为使种子内外层的温度一致，每天应翻动并进行清洗1~2次。2d左右后，当50%种子的胚根突破到种皮外露时即可播种。

(四) 营养土配制

工厂化育苗采用草炭土、珍珠岩、蛭石之比为3：1：1的营养土；一般育苗采用废菌包、草炭、蛭石之比为1：1：1的营养土；或用肥沃园土、沙石之比为4：1的营养土。

(五) 播种

选择50孔育苗盘，每穴内播2~3粒种子。播后浇透水，使种子与育苗基质充分接触，覆盖松软育苗土，约0.5cm厚；用多菌灵再浇1次水，盖上地膜保温保湿。育苗温度控制在28~30℃，保持温度稳定，以利快速出苗。

(六) 苗期管理

要保持苗床湿润，但湿度不宜过大，出苗前闭棚增温。保持白天温度28~30℃，夜间18~20℃。出苗后，每天要适当通风透气、排湿；培养土有明显发干时适当浇水；如遇寒潮天气，可在拱棚上加盖农膜。定植前7d，将昼夜环境温度降到10~15℃进行炼苗。

二、田间栽培

（一）整地施肥

定植前7~10d，整地、深翻，每亩施腐熟人畜粪3 000kg、饼肥100kg、尿素20kg、过磷酸钙50kg、硫酸钾30kg。以深沟高厢栽培，1.33m开厢（包一面沟），将肥料与窝内土壤混匀或进行条施，后覆盖地膜。

（二）适时移植

一般经过25~30d、幼苗长出3~4片真叶时，即可定植。当丝瓜种植区温度在15℃以上时，丝瓜的生长速度较快。大棚早熟品种栽培于2月中下旬定植，地膜小拱棚早熟品种栽培于3月上旬定植。定植前2d将穴盘苗浇透水，减少取苗移栽时根系损伤，提高移栽成活率，同时有利于栽后缩短缓苗时间，早结果早上市。

（三）合理密植

大棚早熟品种的丝瓜种植密度不宜过大，否则会影响丝瓜的产量和品质。早熟露地栽培厢宽（包一沟）1.33m，退窝50cm，单行双株栽培，每亩栽植约2 000株；大棚早熟栽培，行距100~120cm，株距80~100cm，单行双株栽培，每亩栽植600~800株。

（四）整枝引蔓

当瓜主蔓长至30~50cm时，开始搭架吊蔓，搭“人”字形架，高约1.8m。搭架后及时引蔓，引蔓一般在晴天下午进行，以防折蔓。引蔓的同时将所有的侧蔓摘除，以确保主蔓生长粗壮，当主蔓7~8叶时开始留瓜，主蔓有2~3个幼瓜时摘心打顶，但保留顶部侧芽，以促进成瓜；当顶部侧芽成长为健壮的侧枝，侧枝上出现2~3个幼瓜时，继续摘心，保留顶芽，促进前期瓜迅速成型，可以获得较高的前期产量。在此过程

中，放蔓至合适高度以便于管理采摘，依此循环摘心打顶，及时摘除老叶、病叶，无用的卷须，畸形幼果和多余雄花，以利于通风透光，延长结果期，每株丝瓜至少保留12片功能叶。

（五）肥水管理

第一次追肥在缓苗后，每亩施腐熟稀人畜粪1 000kg或复合肥10kg，冲施；第二次追肥于开花初期或第一个瓜坐稳后进行，每亩施加复合肥15kg；以后每采收3~4次，施肥1次，以水肥为主，每次每亩施加复合肥25kg；如果条件允许，可以人畜肥与复合肥交替使用。

（六）人工授粉

早熟品种定植早，此时气温低，昆虫活动少，早熟丝瓜前期雄花少，花粉量不足，致使自然授粉困难，须人工辅助授粉。一般7—9时取当日开放的雄花进行人工授粉。

三、采收

一般开花至成熟10~12d，根瓜要早采收，盛果期每2~3d采1次。采收时齐瓜根部用刀切下，摘中下部老叶把瓜包好整齐地放于筐中，以免发生擦伤影响瓜果销售品质。

第九节　西葫芦

一、土地选择及准备

（一）土地选择

选择中上等肥力的土地，前茬以向日葵、玉米、小麦、豆类为佳，尽量避免在盐碱和瘠薄的土地种植。

（二）土地准备

在翻地前，每亩施腐熟优质的有机肥2 000kg、磷酸二铵

10kg、硫酸钾镁肥5kg，均匀撒到地里，进行深翻，翌年开春适时进行耙耱保墒，呈待播状态。

二、土壤及种子处理

（一）土壤处理

播种前选择土壤芽前封闭除草剂进行土壤处理（建议使用仲丁灵），可有效防除田间杂草，必须按说明书正确使用，不宜随意加大用量而影响出苗。

（二）种子处理

（1）晒种。播种前晒种1~2d，杜绝在水泥地面上晒种，选用木器轻翻、勤翻，保持均匀光照，以增强种子活力。

（2）拣种。拣出破裂、空壳、芽尖被破坏的种子。

（3）药剂拌种。播种前拌杀虫剂可有效防治地下害虫。

三、播种

（一）播期

为避免花期遇到高温，各地区结合当地实际情况提倡适期早播。当0~10cm地温稳定通过10℃以上时开始播种，结合当地一周内天气情况而定，避免大风、降雨、降温天气影响播种出苗。

（二）播种方式

采用膜下滴灌栽培。建议稀植：大小行播种，（70cm地膜）大行距60~80cm，小行距40cm，株距36cm，有效亩保苗2 900~3 200株。密植：（150cm地膜）4行播种，大行距80cm，外侧两行株距28cm，内侧两行株距36cm，有效亩保苗3 800株左右。

（三）播种质量

为保证苗齐苗壮，应做到合墒播种或播后补墒，播量准

确，播深一致，下籽均匀，不重不漏，播行端直，接行准确，覆土严实，镇压紧实，播深 2~3cm。

（四）带种肥

整地时没有施底肥，则需带种肥磷酸二铵 10kg/亩和硫酸钾镁肥 5kg/亩或复合肥 10kg/亩。

四、田间管理

（一）查苗补种

及时查苗、放苗、补种，当真叶长到 5~6 片时即可定苗，1 穴 1 苗，留壮去弱，合理密植，避免因密度过大而发生病虫害。

（二）缓苗水

西葫芦幼苗定植后可浇一次缓苗水，注意缓苗水千万不可水量过大，以免瓜秧旺长，引起化瓜。西葫芦的缓苗水浇后要掀起薄膜，深锄、细锄瓜垄，疏松土壤，以促进发根。以后应严格控制浇水，直至根瓜坐稳、长至 150g 左右时，方可浇催瓜水。结合浇水，追施腐熟饼，水分表现不足时，即中午出现叶片萎蔫时，要及时浇水。西葫芦浇水应结合生育时期选晴天清晨进行。结瓜前要严格控制浇水，防止瓜秧旺长，引起化瓜；西葫芦结瓜后应适量浇水，一般 10~15d 1 次，要见干见湿。

（三）中耕除草

中耕可起到除草、增温保墒、改善土壤透气性、促进根系生长、避免根部冻伤及硫化氢中毒（黑根）、防止作物早衰、提高抗旱能力、培育壮苗的作用。从出苗到封垄前中耕 3 次。第一次在 2 叶 1 心浇缓苗水后，浅耕 3~5cm；第二次取决于天气降水和浇水后，深耕 10cm 左右；第三次在 9 叶 1 心前进行，深耕 10~15cm，沙土地建议培土。中耕要求表土松碎、不伤

膜、不伤苗、不压苗、不漏耕、田间无杂草。

(四) 叶面肥

建议在幼苗期喷施叶面肥 2 次，第一次在 5~6 叶期，喷施磷酸二氢钾；第二次在 9 叶 1 心期（现蕾前），喷施磷酸二氢钾和硼锌肥。为更好预防白粉病，建议混用保护性杀菌剂。

(五) 滴水追肥

西葫芦为喜肥、喜水作物，为确保高产优质，要适当大水大肥，提倡平衡施肥，根据氮长叶、磷长根、钾长茎蔓和果实的作用，籽用西葫芦瓜型膨大期为需水肥高峰期，在幼瓜 10cm 左右浇头水，在两次瓜体膨大期亩施尿素 8~10kg 和低氮中磷高钾水溶性滴灌肥 8~10kg，并施适量的硼、锌、镁、钙等中微量元素肥料，必须水浇透，肥施足。整个生育期一般浇 7~8 次水，后期浇水根据苗情适当补肥，侧重钾肥，浇水间隔 7~10d。

五、适时收获

一般雌花开放 10~15d 即可采收嫩果；后期随着温度升高，只需 5~7d 就可采果 1 次。保护地栽培，当单瓜重 250g 左右就可以收获，一般在下午进行采收，可以保证瓜条鲜嫩，便于出售。

第十节　荷兰豆

一、整地播种

以直播为主，垄作或畦作，播前亩施有机肥 2 000kg、过磷酸钙 20kg，耕翻整平后作垄或作畦。为促进早熟和降低开花节位，播前可先浸种催芽，在室温下浸种 2h，5~6℃的条件

下处理 5~7d，当芽长至 5mm 时播种。若直接用干种子播种，播后要及时浇水。

采用条播，行距 30~40cm，株距 8~10cm，覆土 2~3cm。每亩矮生种用种量为 15kg，蔓生种为 12kg。

二、田间管理

(一) 苗期、生长期

出苗前不浇水，出苗后的营养生长期以中耕锄草为主，适当浇水，只要土地不干裂即可。

荷兰豆苗期一般应控制水分，以防止幼苗旺长，在现蕾前浇小水，现蕾至开花期浇头水。花期不浇水。苗期要进行中耕松土，同时抓紧喷施一次 0.01%天丰素，可用 3.5~7mL 天丰素兑水 15kg 均匀叶面喷施，促使根系生长，增强光合作用，使植株生长加快，同时增强对白粉病、褐斑病等病害的抗病能力。

(二) 开花结荚期

荷兰豆有固氮能力，不需要很多肥料，但多数品种生长势强，栽培密度大，一般需要追肥 3 次：第一次于抽蔓旺长期施用，亩施复合肥 15kg 或人粪尿 400kg；结荚期追施磷钾肥，亩施磷酸二铵 15kg、硫酸钾或氯化钾 5kg，增产效果明显；开花后，豆荚长到 2~3cm 时，要追肥浇水，伴随浇水每亩施尿素 15kg 或复合肥 20kg。另外，可以采取根外追肥，用 3.5~7mL 天丰素加上 50g 磷酸二氢钾兑水 15kg，在花蕾期开始每隔 10d 喷施 1 次，连续喷 3~4 次。

(三) 适时搭架

当植株卷须出现时要插支架，可用竹竿插单排立架，并要人工引蔓上架或绑蔓。蔓生种在蔓长 30cm 时搭架。植株长至 15 节时摘心，将下部老叶、黄叶摘除，以改善通风透光条件。

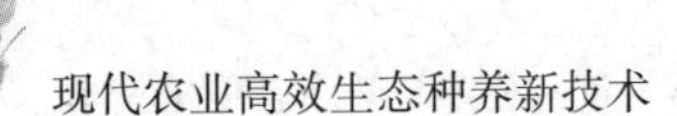

为防止落花落荚，可用30mg/L的防落素喷雾。

三、适时采收

食荚者当嫩荚充分长大，但籽粒还没饱满时即可采摘。一般在开花后10d左右嫩荚充分肥大、籽粒不饱满、颜色鲜绿时，即可从基部采收嫩荚。对于硬荚品种，一般只采收青豆粒，当荚皮白绿、豆粒肥大饱满时采收。收获干豆粒，要在开花后30~40d荚皮变黄时进行，收获应在清晨进行，以防荚皮爆裂。

第十一节 毛 豆

一、品种的选择

按照结荚和生长习性可以把毛豆分为有限生长型、无限生长型和半有限生长型三类。而当毛豆作为蔬菜食用时，又可以按照生育期限将其分为早、中、晚3个种类。

二、整地施肥

毛豆整个生长期需肥量较大，要求钾肥较多，重施基肥对促进毛豆前期生长，确保出苗整齐，对幼苗生长健壮十分重要。在毛豆种植前7~10d，结合整地，施用有机肥和复合肥。

三、播种

春天一般是在3月中旬到4月上旬进行播种，秋天常在7月中旬到8月上旬进行播种。如果是使用双行种植的方式，植株之间的行距为25~35cm，株距为23~25cm，在一般情况下每700m^{2}撒下5kg的种子，每个坑穴撒入2粒种子。如果选择平播，坑穴的深度为2~3cm，播好种子后一定要盖好土。如

果选择单行播种的方式，且处于肥力较高的土壤，行距在80cm左右最为合适；如果是中等肥力的土壤，行距选择70cm左右最为合适，每个坑穴撒入3粒种子。播种的时候应该在行间额外撒一些种子作为后备种子，用来填补空缺的部位。

四、定苗方法

在苗高为大约10cm的时候开始定苗，每个穴一般情况下留下两株苗，每亩地大约5 000株苗最为合适。

五、起垄、追肥

在苗高为25cm的时候可以起垄。起垄主要有两个作用，一方面是为了方便雨季顺利排水，另一方面是为了防止植株出现倒伏情况。追肥则应该结合起垄的情况，每亩地使用20kg硫酸钾与磷酸二铵按照1∶1的比例混合的复合肥料，有利于提高毛豆的产量，还可以在毛豆的灌浆期和花期各施加1次叶面肥。

六、适时采收

毛豆最适宜收获期为豆粒80%充实饱满，成品荚率达到80%以上，外观色泽鲜绿、豆粒鲜嫩时，一般在开花后45d左右。过早采收，籽粒太嫩，水分过多，内含物少，口感差，产量低。过迟采收，籽粒老化失水，品质明显下降。采收时应该选择早晨和傍晚，此时气温较低，营养物质倾向于在籽粒集聚，品质最佳。

第十二节　四季豆

一、土壤的选择

四季豆对土壤要求不高，无论壤土还是沙土都能良好生

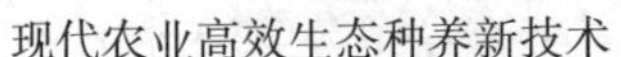

长，只要排灌良好的田块就能种植，肥沃的土壤更优。

二、育苗技术及苗期管理

四季豆耐寒性较强，不需要高温（气温高于25℃对花芽的分化会有影响），所以种植四季豆，一般采用大棚育苗小棚移栽。

1. 育苗时间

大棚定植可在2月10日左右播种。

2. 整厢

先把大棚内的苗床地整细，做成宽1.2m、沟深20cm的厢面，厢长可根据播种量而定。浇足底水，再用沙板把表面抹平，用尼龙绳弹成9cm宽的线条，然后用刀切成9cm×9cm的方格，在方格中间用刀挑一个深1~2cm的窝子。

3. 播种

（1）育苗。在方格的窝子中播上4粒种子，盖上细土。有地下害虫的田可在浇水时用1 000倍液的辛硫磷喷洒。做好一厢后在上面平铺一层地膜，盖上小棚，等苗子破土后就可揭掉地膜，如有太阳也可把小棚揭开。等幼苗长至2片真叶时即可定植到小棚内（不用小棚，只用地膜的可晚10d播种移栽）。

（2）直播。四季豆也可直播在大田内，但播种时间南方应推迟到2月25日以后，北方推迟到4月中旬。将施好肥的田块1.4m开厢，按35~40cm的窝距，每厢直播两行（苗子距厢边20cm），每窝放上4粒种子，然后盖上泥土。播好后将地膜平铺在上面，四周用泥压好，等苗子出土后，对准苗子将地膜撕一个口，把苗子引出来。如泥土较干，可先挖窝子，浇上清水，等水干后再播上种子。

三、大田整理及施肥

（一）大田整理

1. 除草

草害重的田块可采用人工除草或化学除草。化学除草可选用农达、克芜踪等除草剂，在前作收获后的空地里面喷施，每亩 50mL 兑水 25～30kg。过 7d 即可翻耕整厢。

2. 土壤消毒

病害较多的田块可每平方米用 3～5g 的地菌灵或每亩用 100kg 生石灰撒施，再进行翻耕混匀。

3. 预防虫害

土壤虫害较多的田块可用辛硫磷拌土进行撒施。

（二）施肥

一次性施足底肥，今后可不再增施追肥，既省工省时，效果也好。具体施肥配方如下，可根据实际情况任选一种。

（1）亩施腐熟人畜粪肥 3 000kg，磷肥 50kg，钾肥 25kg，尿素 10kg。

（2）亩施腐熟农家肥 1 000kg，腐熟油枯 100kg，磷肥 50kg，尿素 10kg。

（3）亩施腐熟鸡、鸭粪 3 000kg，磷肥 50kg，钾肥 20kg。

四、采收

应在豆荚豆由扁变圆时采收为宜，过嫩采收影响产量，过迟采收降低品质。

第十三节　豌　豆

一、合理密植

中豌 4 号、6 号属于矮生性品种，株高 40~50cm，宜适当密植。春、夏、秋播行距为 35cm，穴距 10cm，每穴 3 粒，每亩用种量在 10kg 左右。冬播行距 40cm，穴距 15cm，每穴 3 粒，每亩用种量在 7kg 左右。

二、科学肥水管理

选择土壤肥力较好、排灌便利、光照充足的田块种植。每亩施氮、磷、钾三元素复合肥 30~40kg 作基肥，并施一定数量的有机肥。花荚期每亩施尿素 10kg 或人畜肥 1 000kg，以促进结荚壮粒。生长后期，根据长势也可以采用 0.5%的尿素液和 0.2%的磷酸二氢钾的混合液进行根外施肥。干旱时要及时浇水，尤其是在开花结荚期，植株对水分特别敏感，要及时补充水分。另外，夏季栽培的豌豆更要注意水分的及时供给，这样，既可满足植株生长发育对水分的需求，也能有效地降低地表温度，促进其正常生长。

三、看苗巧用化控技术

中豌系列豌豆出苗后长到 7~8 节（有 7 片羽状复叶）的时候就开花，进入营养生长和生殖生长并进的阶段，这时如营养生长过旺，则容易落花落荚，特别是薄膜温室大棚栽培的豌豆更容易徒长，只长蔓不结荚。因此，在 7~8 片复叶时，温室大棚栽培豌豆要适当控制肥水，降低棚温，以利于营养生长向生殖生长转化，保证光合产物在营养生长和生殖生长之间的合理分配，促进开花结荚。

四、适时采收

因生长季节及栽培方式的不同，开花后到青豆荚采摘的天数差距很大。夏季栽培由于气温高，豆荚生长速度快，开花至采收只有20d，而在冬季栽培中，开花至采收超过30d，因此，要根据豆荚的用途、豆荚壮粒程度灵活掌握采收日期。以食青豆粒为主的在豆荚已充分鼓起、豆粒已达70%饱满、豆荚刚要开始转色时采收。

第十四节　豇　豆

一、栽培季节和播种期

早春豇豆在3月下旬至4月上旬即可在大棚等设施内播种育苗，4月中旬以后可地膜直播，4月底至5月上旬后即可露地直播。春夏豇豆播种期可一般延续至7月上中旬。秋豇豆在7月至8月上旬播种。

二、整地作畦和施基肥

豇豆忌连作，需轮作两年以上，否则容易发生病害。前作收获后深耕20~30cm，亩施基肥3 000kg，过磷酸钙25~30kg，草木灰或砻糠灰50~75kg或硫酸钾10~20kg。酸性土壤可适当增施石灰75~100kg，然后将土打碎耙平，作成畦宽连沟1.3m的高畦。

三、合理密植

早春豇豆由于气温低，雨水多，提倡育苗移栽。幼苗出土后，第一对真叶尚未展开时就应定植，定植要掌握栽小、栽早的原则。栽植时每穴栽两株。夏秋豇豆多采用直播，每穴播种

量少则 3~4 粒，多至 4~5 粒，出苗后每穴间留至 2 株。播种密度为行距 0.8~1m、株距 0.26~0.33m。

四、肥水管理

前期要适当控制水分，进行蹲苗，促进生殖生长，以形成较多的花序。春季栽培的，前期肥水要适当控制，待第一花序坐荚后，逐渐增加肥水，促进生长、多开花、多结荚。豆荚盛收开始，要连续重施追肥。每隔 4~5d 追肥 1 次，连续追 3~4 次，可每亩穴施普通复合肥 40~50kg 或人粪尿 1 000kg，先施肥后浇水。秋季栽培的则应一促到底。地膜覆盖的春豇豆，因根系发达，吸肥力强，追肥次数少，故需增施基肥。

五、植株调整

当蔓长到 17~30cm 时，需搭“人”字架引蔓。当植株长至一定大小时，需进行整枝，即将主蔓第一花序以下的侧芽全部抹除，主蔓第一花序以上的侧枝，留 1 叶摘心，以促进开花结荚。当主蔓长到 1.3~1.7m 时打顶，使养料集中多结荚。

六、整枝摘心

当主蔓长出第一个花序时，花序以下的侧枝应全部摘除，花序以上的侧枝要进行摘心，基部留 2 片叶子；当主蔓攀爬满支架时打顶，以促使下部侧枝萌发花芽。

七、采收留种

豇豆采收时，注意不要损伤其余花芽，更不要连花序一齐摘掉。豇豆系陆续采收的作物，要及时在种子膨大以前采收。留种豇豆，于豆荚成熟时进行株选和果选。种株要及早摘心，于主蔓中下部第 3~4 个花序选发育良好的果实留种，待种荚转黄松软时采收。

第十五节　花椰菜

一、育苗

（一）苗床准备

选未种过十字花科蔬菜的肥沃田土5份，腐熟优质有机肥4份，草木灰1份，混合均匀整平后作畦，畦宽1.2～1.5m，埂高15～20cm，埂宽30cm。

（二）浸种

将种子置于55℃温水中浸15min，边浸边搅拌，并捞去病粒、杂质、浮粒，待自然降温后继续浸25～40min，捞出种子放置在20～25℃的环境下催芽，70%～75%种子露白后即可播种。

（三）育苗时期

定植前25～30d，温室或大棚育苗。

二、播种

播前苗床先浇足底水，待水渗下后将种子均匀地撒在畦面上，播种量2～3g/m²，播后均匀盖上0.3～0.5cm厚的过筛细土，然后用遮阳物覆盖畦面。

1. 水分管理

出苗前浇1次透水，出苗后保持土壤湿润，幼苗3叶后视土壤情况控制浇水次数，保持床土见干见湿，防止幼苗徒长。

2. 温度管理

在出苗前，保持白天温度在15～20℃，晚上10～15℃。在定植前5～7d炼苗。

三、田间管理

（一）浇水

缓苗前，选择早上或晚上浇 1 次水。缓苗后至花蕾形成前，小水勤浇，保持土壤见干见湿；花球形成期视田间湿度进行浇水，保持土壤湿润。应开好排水沟，防止雨天田间积水。

（二）中耕

在封垄前结合施肥中耕锄草 2 次，结合第二次中耕进行培土，以防止倒伏、促进基部不定根萌发、主茎强壮、花球增大。

（三）施肥

花椰菜需肥量大，施肥应把握“前促、中稳、后攻”的原则。缓苗后，每隔 10~15d 可随水冲施腐熟的优质有机肥 1 000~1 500kg/亩 2 次或 3 次。莲座期、花球膨大期时可追施腐熟饼肥每次 50~60kg/亩 1 次或 2 次。

（四）遮盖花球

当花球直径达 6~8cm 时，宜摘叶或折叶盖在花球上以防晒，保证花球柔软清洁，品质高，感观好。一般摘取植株中下部叶片，或将内叶折而不断覆盖在花球上，不宜用病叶遮盖花球，以避免花球染病。要求盖严盖实，并经常检查，发现盖不严的应及时补盖。

四、采收

当花球充分膨大、表面圆正、边缘尚未散开时为采收适期，采收可延长采收期，保证品质。采收时花球基部留 4 片或 5 片嫩叶保护花球，以避免在装运中损伤。

第十六节　韭　菜

一、培育壮苗

（一）育苗方式

韭菜育苗多采用露地育苗方式进行。韭菜露地育苗不仅便于苗床管理，容易实现壮苗培育，而且移栽后植株分布均匀，生长整齐。

（二）育苗时间

春播一般在3月中旬至4月中旬，气温稳定在10℃以上时播种为宜。

（三）苗床处理

苗床选择在近三年内没有种过大葱、大蒜，土层深厚、土地平整、排灌方便、保水保肥能力强的两合土或轻两合土育苗。每亩施腐熟优质堆肥10m^3左右，15∶15∶15的硫酸钾型复合肥75kg，土壤处理可选用5%的辛硫磷颗粒剂3~4kg撒于地面，耕深25~30cm，然后耙平作畦。一般宽1.5~2m，长10~15m，地块较长的每隔20~30m打一横向垄沟，以便浇水冲肥，畦的长宽也可视田块状况而定。

（四）播种方法

在播种前晾晒种子1~2d，每亩撒播韭菜种子7.5~10kg，可移栽0.27~0.33hm^2。若采用干籽，则种子撒播后用铁耙浅趟均匀，然后用脚踩实浇水，等待床水完全下渗后撒细土将种子覆盖即可。

（五）苗床管理

种子撒播后每亩用33%施田补乳油120mL左右，加水

15~20kg，畦面均匀喷洒，喷洒时要做到不漏喷、不重喷，以提高封闭除草效果；种子出苗前后，每隔10d浇1次水，保持土壤湿润，一般15~20d即可出苗；幼苗长至3片叶左右时，每亩追施高氮型硫酸钾复合肥8kg左右，施肥后随即浇水；幼苗长出5片叶后（苗高20cm左右时），可以适当控制浇水量，以防止韭菜苗旺长而倒伏；韭菜苗移栽前1~2d，浇1次透水，喷施50%腐霉利可湿性粉剂1 000倍液，保证易起苗并带药下地。

二、适期移栽

地块在移栽前10d左右要及时腾茬，并清洁田园，底肥用量和整地方法与育苗相同。一般苗高18~20cm，叶数6片左右，苗龄在80d左右时移栽较为合适。移栽时间取决于育苗时间的早晚，4月中旬育苗的，可在7月中旬移栽。

移栽可选用33%施田补乳油除去杂草，一般采用等行沟栽，沟深10cm左右，行距20~22cm，株距15cm左右，每穴4~5株，每亩栽植2万穴左右。起苗后，淘汰弱苗、病苗，将健壮秧苗剪去叶尖部分和须根末梢部分，保留10cm长叶片和5cm左右须根。移栽深度以将韭苗叶鞘埋入土中为宜，做到栽齐、栽平、栽实，并尽量使根系保持舒展。

三、移栽后田间管理

韭菜苗在移栽后随即浇透水，5d左右就会长出新根。当长出新生叶片，待土壤表面发干时，进行第二次浇水，以后间隔10d左右浇一次水。此后应及时进行中耕松土除草。如出现连续阴雨天气或出现田间积水，及时做好田间排水防涝工作。

四、适期收割

一般韭菜长至40cm左右（7~9片叶）时，即可收割。韭

菜收割宜在11时以前或15时以后进行，收割时下刀不要太深，贴土皮即可，否则鳞茎受伤，会影响下茬长势。

第十七节　洋　葱

一、育苗

1. 播种时间

洋葱选择适宜播种期是培育壮苗的关键，早播苗大，越冬后容易抽薹，晚播苗弱，抗寒能力差且磷茎小、产量低。以黄淮流域为例，最佳播期为9月上中旬。

2. 播种数量

洋葱在正常情况下每亩的育苗床播种量为4~5kg，考虑要淘汰和间疏20%的弱苗与劣苗，其栽培面积应为播种苗床的15倍，发芽率低于70%，则应酌情增加播种量。

3. 作畦施肥

畦高1.4~1.5m，畦宽27cm，畦面整平后每亩施过磷酸钙15kg和腐熟好的有机土杂肥4m^3作基肥，出苗后结合浇水每亩撒施尿素10kg。

4. 播种方法

畦面整平后，先浇水，再均匀撒播，后覆0.8cm营养土，确保一播齐苗。播后如果墒情不能达到出苗要求，可用喷壶淋水，以促进出苗，也可催芽后撒播。

5. 出苗管理

洋葱在出苗后要注意霜霉病和立枯病的防治。防治方法为每亩用50%多菌灵或40%百菌清150g，兑水30~40kg均匀喷雾。

二、田间管理

1. 浇水

洋葱定植以后约 20d 后进入缓苗期，此时不能大量浇水，浇水过多会降低地温，使幼棵缓苗慢。同时刚定植幼苗新根尚未萌发，又不能缺水，这个阶段对洋葱的浇水次数要多，每次浇水的量要少，原则是不使秧苗萎蔫，不使地面干燥，以促进幼苗迅速发根成活。

2. 施肥

洋葱每亩需氮肥 13~15kg、磷肥 8~10kg、钾肥 10~12kg，切忌氮肥过重。春播洋葱幼苗出土前后要保持土壤湿润，勤浇水，勤中耕，在叶生长盛期及鳞茎膨大期应适时施肥、浇水，每亩分别追施磷酸二铵 15kg、磷酸二铵 20kg、硫酸钾 3~5kg。

3. 松土

疏松土壤对洋葱根系的发育和鳞茎的膨大都有利。一般苗期要进行 3~4 次，结合每次浇水后进行，茎叶生长期进行 2~3 次，到植株封垄后要停止中耕。中耕深度以 3cm 左右为宜，定植株处要浅，远离植株的地方要深。

4. 除薹

对于早期抽薹的洋葱，在花球形成前，从花苞的下部剪除，或从花薹尖端分开，从上而下一撕两片，防止开花消耗养分，从而促使侧芽生长，形成较充实的鳞茎，同时适时喷洒地果壮蒂灵。实践证明，对于先期抽薹的植株，采取除薹措施后，仍可获得一定的产量。

三、采收

1. 采摘时间

洋葱采收一般在 5 月底至 6 月上旬。当洋葱叶片由下而上逐渐开始变黄、假茎变软并开始倒伏、鳞茎停止膨大、外皮革

质、进入休眠阶段时，标志着鳞茎已经成熟，就应及时收获。

2. 采收晾晒

洋葱采获后应及时进行晾晒，将洋葱植株斜向排列，使后一排的茎叶正好覆盖在前一排的葱头上，以避免葱头直接受到阳光的暴晒，每隔2~3d翻动1次，晒至叶子发黄为止。

第十八节 大 葱

一、播种育苗

大葱种子出土慢，幼苗期长，生产上均采用育苗移栽。育出的葱苗也可直接上市供应青葱。春季播种，气温较低，播前应进行催芽处理，并采用湿播。夏秋播种，可采用干籽直播，播后盖1~1.5cm的细土。每亩用种2~4kg，可供5~10亩地移栽定植。播种后保持土壤疏松、湿润，防止土壤板结、裂缝。根据墒情浇2~3次水，出苗后及时除草。秋播葱秧冬前应适当控制水肥，防止徒长，土壤上冻前浇一次封冻水，保护幼苗越冬。返青后到定植，是培养大苗壮苗的关键时期。定植前视苗情追肥1~2次，第一次亩追尿素5kg；第二次亩追尿素7.5kg加三元素复合肥7.5kg，冲施撒施均可。整个育苗过程，注意苗床湿度，以地表土见干见湿为度。大雨后及时排除苗床积水，同时注意防治病虫草害。

二、合理定植

大葱在6月上旬至7月上旬均可定植。定植苗以株高40cm、茎粗1cm以上为宜。耕前施优质圈肥，开沟，沟以南北方向为宜，沟距60~70cm，深30cm，宽15~20cm，再施过磷酸钙30~50kg，草木灰50~100kg，并顺沟喷洒敌百虫等农药防治地蛆。起苗前2~3d，苗畦内先浇水，待土壤较松散时，

即可起苗。拔起的秧苗，抖净泥土，剔除病残株和细弱株，然后将秧苗按大、中、小分三级堆放，栽用一二级苗，三级小苗可作为伏葱栽植。

栽植的方法分干栽和水栽两种。干栽即按株距要求将葱秧逐棵栽入沟内，然后浇水。水栽法即先逐沟灌水，渗水后，栽葱人左手握葱苗，右手拿葱杈子（即“Y”形木棍），逐棵按住葱须插入沟内。露地栽培一般行距 90～100cm，沟深 15～20cm，株距 2.5～3.0cm，每亩定植 2.5 万～2.7 万株。

三、田间管理

大葱定植后原有的须根不再继续生长，4～5d 后开始发生新根，新根萌发后心叶开始生长，需 20d 左右才能缓苗。由于对高温和干旱有较强的忍耐力，所以宁干勿涝，雨后及时排出积水。管理中心是促进根系生长，锄松垄沟，提高通透性。每次降雨或浇水后，及时松土。

立秋前要中耕 3～4 次，并结合中耕亩施腐熟圈肥 2 000kg。最后一次中耕时，将葱沟与地面填平。立秋后，气温逐渐降低，植株进入生长盛期，平均 7～8d 长一新叶。此时是水、肥、培土管理的关键时期，8 月上旬结合浇水每亩追施尿素 15～20kg，硫酸钾 10～15kg。8 月下旬进行第三次追肥，亩施腐熟人粪稀 1 500～2 000kg。每次追肥后要及时浇水，一般 5～7d 浇 1 次，经常保持地面湿润。自 8 月中旬以后葱白即进入旺盛生长期。

四、适时收获

大葱的收获期因各地气温不同而异，一般当外叶停止生长，土壤上冻前 15～20d 时为收获适期。多数地区在霜降到立冬收获，寒冷地区可在寒露时收获。收获时，翻开培土的一侧，露出葱白后轻轻拔出，抖去泥土，适当晾晒后每 20～25kg

捆成一捆，置阴凉处贮藏。

第十九节　大　蒜

一、播前准备

1. 整地施肥

大蒜适合沙质壤土，播种前要施足底肥。研究表明，氮肥、磷肥、钾肥对蒜头产量影响的大小顺序是氮肥>磷肥>钾肥。氮、磷、钾肥施用量要合理，均衡施肥，较重施氮肥、钾肥更有利于大蒜产量的增加，避免不施磷、钾肥或过量施用磷、钾肥。在相同条件下，适当增施氮肥较增施磷肥、钾肥更有助于产量的提高。

根据大蒜的生长发育和需肥、吸肥特点，大蒜施肥应坚持“有机肥为主，化肥为辅；基肥为主，追肥为辅；粗肥细施，化肥巧施”的施肥原则。底肥每亩可施45%氮、磷、钾平衡复合肥50kg、生物有机肥50kg。

大蒜整地时，耕深20cm左右，要细耕、耙平、耙实，没有明显坷垃，达到“齐、松、碎、净”。

2. 种子处理

收获时要选择蒜头留种。播种前要选择色泽洁白、顶芽肥大、无病无伤的蒜瓣，同时按大中小分级，分别播种，分别管理。种子大小是获得高产的关键，蒜瓣重量应在5g左右。播种前要晒蒜瓣1~2d。

二、播种

1. 适时播种

大蒜播种要适时。在9月底10月初，播种时气温17℃左右，使植株在越冬前长到5~6片叶。播种过早或播种时气温

过高，大蒜病虫害严重。播种过晚，影响产量，易形成独头蒜。

2. 合理密植

一般行距 20cm，株距 16~17cm，每亩 2 万株左右。

种植时用锄开沟，沟深 5cm 左右，蒜瓣背腹连线与行向平行。栽后盖土 1cm 左右，栽种后及时浇水。

3. 田间除草

大蒜播种后覆膜前，每亩可用 33%二甲戊灵药 150~200mL 或 24%乙氧氟草醚乳油 50~60mL，加水 50kg 喷雾防除田间杂草。

4. 地膜覆盖

大蒜对水肥敏感，表现喜湿喜肥的特点。地膜覆盖能提高地温，加快有机质分解，减少土壤水分蒸发，满足大蒜对水肥的需求，提高大蒜的产量。地膜宽 60cm 或 75cm，以 2 行或 3 行为一幅，覆膜时将地膜拉紧，两边压牢。

三、田间管理

1. 放苗

播后 10d 左右，蒜芽破土后，利用早晨或傍晚，及时把地膜捅破，使苗露出膜外。

2. 水肥管理

大蒜出苗后至退母前应适当控制浇水，防止提前退母或徒长，促进根系向土壤深层发展。大蒜退母后花芽和茎芽开始分化，蒜薹伸长，对水肥的需求增大，退母后应加强水肥管理。地膜覆盖的大蒜当年 11 月 20 日前后开始退母。对于退母较早的地块，可选用 1.5%的尿素+0.3%磷酸二氢钾，在开始退母时进行叶面施肥。地膜覆盖的大蒜一般冬前不浇水。

3 月上中旬，当气温在 15℃以上时，选晴朗天气每亩追施尿素 15kg，随后浇水，促进蒜苗及早返青生长，避免因退

母引起的黄叶。蒜薹总苞“露帽”时根据墒情浇1次出薹水。蒜薹总苞“出口”时，选晴朗温暖天气每亩追施三元平衡肥15~20kg，随后浇水。蒜薹收获后应经常保持土壤湿润，每周浇1次水，促进蒜头迅速增大，直至收获前5~7d停止浇水。

四、收获

根据品种、用途不同，5月初大蒜陆续收获。收获后大蒜要及时通风晾晒，使其干透。但要防止暴晒，以免糖化。

第二十节　黄　瓜

一、整地、施肥

黄瓜的种植土壤需要精心选择，要求之前所种作物非瓜类，且地表平整、便于浇灌、土质松软、富含有机质、可蓄水保肥的微酸性土壤。一般情况下，会采取起畦种植的方法，起畦规模为畦面宽1m、高0.4m及沟宽0.3m。在翻耕的过程中，往往会适当地施加基肥，亩施硫酸钾复合肥20kg、过磷酸钙30kg、有机肥1 500kg。

二、播种和育苗

春黄瓜的播种期是结合定植期的情况加以确定的。一般情况下，将定植前的苗龄设定为40~50d，而生理苗龄则是4叶1心。其中生理苗龄的确定和具体的育苗方式息息相关，当选择阳畦或日光温室的方法培育瓜苗时，所对应的时间是50~55d；而用加温温室的方法培育瓜苗时则需要45~50d。此外，用电热线温室育苗，需45d。因此，选用何种具体的育苗方式，其对应的播种时间是不同的。事实上，快速育苗可以同时

起到节约时间、保证出苗快而苗壮、提高产量的作用。

三、定植后管理

（一）浇水和中耕松土

定植后的4~5d，心叶会逐渐生长，当地下生出较多新根时，可对其进行浇水灌溉，随后等根瓜慢慢坐住，再进入中耕松土的步骤，中耕的作用在于松土、保证土地温度、帮助根系更好地成长。

（二）追肥

等到蹲苗完成后，可以对其进行必要的浇水、追肥处理。第一次浇水、追肥后，可以每浇一次水追一次肥，盛瓜期每隔7~10d追1次。追肥的基本要求是少量多次，所用肥料的类型大多是化肥，再者为人粪尿，在通常情况下，每次追肥需要硫酸铵10~20kg，或尿素5~10kg，或碳酸氢铵15~25kg，或人粪尿750kg。

（三）插架绑蔓

为避免刮风导致秧苗被撼动、不稳，在定植之后就需要迅速搭上架子，和其他瓜类不同的是，黄瓜架子一般呈“人”字形，通常是一棵苗对应一根竿，且竿位于瓜苗的外侧，竿的上方两行会捆绑在一处。而当瓜蔓逐渐拔高而无法继续直立向上时，需要迅速进行绑蔓，此后每3~4个叶要绑一次，绑绳与架竿和蔓呈“8”字形，可以起到避免蔓与架竿互相摩擦并逐渐下滑的作用。当然，捆绑时要注意力度，以防绑太紧，一般会将缝隙控制在可插入一根食指的范围内。在每次绑蔓的过程中，都应该保证瓜蔓顶端处在同一水平线上，这能够为后期的长期打理打下很好的基础。从时间上看，一般会把绑蔓工作安排在一天中的下午阶段，这能够避免对蔓和叶造成伤害。

四、采收

在定植后的25~30d，就陆续进入采瓜阶段，整个采瓜时期可以维持在40~60d。采瓜首先必须达到适时的要求，瓜条顶端逐渐变圆时是最佳的采收时间段，此时的瓜已发育成熟且并不过老，如果采收过早，会降低产量，且会因为汁水不足而影响口感；而采收过晚，又会发现瓜皮太厚太硬，往往无法顺利售出。

第二十一节　苦　瓜

一、中耕除草

苦瓜从苗期开始，即应及时进行中耕、除草和培土，以防瓜头土壤板结。一般在定植浇过缓苗水之后，待表土稍干不发黏时进行第一次中耕，如果遇大风天或土壤过干旱，则可重浇一次水后再中耕。第二次中耕，可在第一次中耕后10~15d进行，这次中耕要注意保护新根，宜浅不宜深。每次中耕可结合施一些优质农家肥，如饼肥和腐熟鸡粪、猪粪等。搭架后，当瓜蔓伸长达50cm以上时，根系基本布满全行间，一般就不宜再中耕了。但要注意及时拔除杂草，防止野草丛生，以改善田间通风透光条件和减轻病虫为害。在第一次中耕时，若发现缺苗或弱病苗，要及时补栽，以保全苗。

二、搭架整枝

当苦瓜幼苗长到20cm左右时，需进行搭架引蔓。搭架的方式有平棚架和“人”字架两种。平棚架通风透风好，结瓜多，产量高。平棚架又分连栋平棚架和分栋平棚架。连栋平棚架一般是在瓜行中，每隔3~4m竖一木桩，上面用小竹子、小

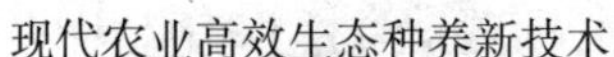

木棍或尼龙网等将整块田的木桩连成一片，棚顶离地面约 2m；分栋平棚架一般是以每两行瓜为一个棚，棚高 1.5～2m。分栋平棚架植株受光面大，通风透气良好，方便管理，比连栋平棚架好。不管是连栋平棚架，或是分栋平棚架，还是“人”字架，搭架都要力求牢固，以避免风吹倒塌，损伤瓜苗，影响产量。

苦瓜的分枝力很强，主蔓与侧蔓均可结瓜，在一般情况下，不必进行整枝。但冬春苦瓜由于生长势强，侧蔓较多，距离地面 50cm 以下的侧蔓及过密的和衰老的枝叶应及时摘除，以利于通风透光，提高光能利用率。在生长中期如果瓜蔓过于疯长，则要及时摘心打顶，以抑制其生长，促进结瓜。苦瓜在瓜苗未上棚前要勤引蔓，每隔 2～3d 引绑 1 次。引蔓方法一般是引主蔓沿支架直上，侧蔓向支架左右方向横引，引蔓时间以晴天的下午进行为宜，以免折断。

三、肥水管理

苦瓜结瓜轮次多，收获时间长，一生消耗水肥量大。因此加肥水管理，是夺取高产的重要保证。除施足基肥外，一般在抽蔓、开花、结果时重施追肥，苗期追肥可少些。第一次追肥是在定植后 7d 左右，可施用 10%浓度的腐熟人粪尿或 0.5%复合肥水，以后每隔 5～7d 施 1 次，其浓度逐渐加大，待至开花结果时，人粪尿浓度可增加到 30%左右。开花结果期间，要追 2～3 次重肥，以延长其收获期。一般在初花时，亩用饼肥 25～30kg、复合肥 15～20kg、尿素 10kg，结合培土追施 1 次；第一次采收后，继续用饼肥 20～25kg、复合肥 20kg，再追施 1 次，以后每采收 1～2 次，就要追施 30%～40%的人粪尿或 10～15kg 复合肥。追肥还要看天气和叶色情况，灵活掌握，酌情增减。

第二十二节　冬　瓜

一、品种

（一）小型冬瓜

雄花出现的时间相对较早，节位相对较低，雌花在后面连续出现，每株冬瓜结 4~8 个瓜，瓜较小，每个冬瓜重 1.5~2.5kg，大一点的，一般在 5kg 左右。中国种一般为扁圆形或者圆形。适合早期栽培，可以吃嫩瓜。

（二）大型冬瓜

雌花出现时间较晚，着生稀，中、晚熟种。结瓜比较大，每个重 7.5~15kg，大的 30kg 以上，产量很高，肉质很厚，瓜呈长圆筒形、短圆筒形或扁圆形，果皮青绿色。外皮表面会有白粉或者没有白粉，播种到初收约 150d，一般以老熟的瓜为主，比较容易贮运。品种繁多，如广东青皮冬瓜，广西玉林大石瓜等，都非常适合栽培。

二、适时播种

春植播期为 12 月至翌年 3 月，秋植播期为 6—7 月。春植采用育苗移植方式较好，有利于防寒；秋植采用芽播较好，育苗移植须浸种催芽，用营养钵育苗，真叶展开后选晴暖天气移至大田种植，秋植经浸种催芽后便可点播到大田，通常用种量 750~1 500g/hm^2。

三、定植

起宽畦，畦宽 2~2.5m（连沟），畦高 0.5m 左右。苗龄在 30~40d、2 叶 1 心至 3 叶 1 心时，选根系发达、茎粗节

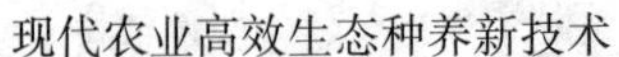

短、叶厚色浓的苗定植。定植规格据品种及种植季节而定：春植生长期长，结瓜迟，瓜形大，宜单行植，株距以 80~100cm 为宜；秋植生长期短，结瓜早，瓜形较细，株距 60~80cm。出苗 70%左右时，要及时揭除覆盖物。在幼苗破心前适当控制水分，促进根系生长；破心后经常保持营养土呈半干半湿状态，使瓜苗稳健生长。25~30d 后即可移植入大田，定植前 2~3d，可用 10%稀薄人粪水和 80%代森锌 800 倍或 75%百菌清 600 倍药液淋苗，做到带肥带药移植。定植后浇水、覆地膜。

四、肥水管理

定植后，用稀薄粪水浇施 2~3 次，促其快长。伸蔓期浇 1 次透水。坐果期，当果实长到拳头大小时，追施坐果肥 1 次，施尿素 225kg/hm^2，可随水膜下渗灌。

五、采收

冬瓜在花凋谢后 30~35d 即可采收。采收前，不宜施肥或浇水，以利增强冬瓜的光合作用，减少冬瓜的含水量，这样才能提高冬瓜的贮存时间。采收时一般是用剪刀剪下来，以免瓜蔓被拉伤，瓜果也要轻拿轻放，不能碰伤，以便于存放。冬瓜成熟后，表皮色深，茸毛很少，为提高其经济效益，可以提前上市。

第二十三节　马铃薯

一、科学选种

不同品种的马铃薯对于种植环境具有不同的适应性。因此，要深入考察种植环境的具体条件，对马铃薯进行科学选

种，尽量选择具有较强抗病性的品种。要选用优良马铃薯品种进行高产栽培，要求具有光滑无破损的表皮，且具有较强的抗病性和良好的抗逆性。选用脱毒马铃薯，并尽量选择具有良好品性的薯块，将性状表现不良的块茎淘汰。

二、选地、深耕

马铃薯种植地应确保 3 年内未种植茄科作物。同时，种植地需在土壤肥力、地势、水源方面表现良好，可以实现有效灌溉。要降低马铃薯病虫害的发生概率，提升马铃薯产量，可以结合当地实际情况开展玉米、马铃薯轮作。另外，需对种植地进行深耕，结合深耕起垄作畦。若种植地地势低，应作高畦；若种植地地势较高，应作宽畦。

三、田间管理

春播马铃薯，当其土层厚度达到 10cm、气温在 8℃以上时，即可开展播种作业，以避免马铃薯受到霜冻的影响。依据当地土壤实际情况，采取不同的种植模式，一般种植行距和株距应分别控制在 65cm 和 25cm。与此同时，由于马铃薯根须的穿透力相对较强，所以在种植期间应控制马铃薯根须的深度达到 25cm 以上。播种完毕，可以利用乙草胺预防杂草，并依据马铃薯生长情况覆盖地膜，为马铃薯生长营造良好的环境。另外，如若马铃薯生长发育阶段出现断垄缺苗的现象，应及时利用优质秧苗进行补栽。马铃薯结蕾期，种植人员需及时摘除花蕾，以避免马铃薯块茎增大，影响后期产量与品质的形成。

四、收获

贮藏用的马铃薯以干物质积累最多、块茎充分成熟的时候收获为宜，春薯宜在 6 月上中旬收获，秋薯则应在 11 月上旬收获，不能受霜冻。无论春薯还是秋薯，收获前如遇雨天，都

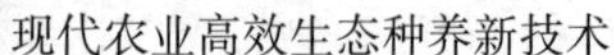

应待土壤适当干燥后收获。刚出土的块茎，外皮较嫩，应在地面晾1~2h，待薯皮表面稍干后再收集。但夏天不能久晒，收后应及时收藏在阴凉处。贮藏时应严格挑选，剔除有病变、损伤、虫咬、雨淋、受冻、开豁、过小、表皮有麻斑的块茎。

第二十四节　菠　菜

本节主要讲述无公害菠菜的种植技术。

一、春菠菜栽培技术

为了提高春菠菜无公害种植质量，需要做到以下几点：第一，由于菠菜具有较高的耐寒性，因此，在3—4月播种时，为了避免出现种子受冻的问题，应选择菠菜叶片肥大的种子，并在日均气温4℃以上时播种。另外，在种植时，为了满足无公害种植的需求，需要在选择种植地时，先分析土壤成分，选择中性或偏酸性的土壤，并进行施基肥、浅耕工作，为之后的栽培工作奠定良好的基础。第二，在进行播种工作之前，需要先用温水浸泡种子，之后在18℃环境下催芽，再进行播种、洒水等工作，提高春季菠菜栽培质量，从而达到提高种植产量的目的。

二、夏菠菜栽培技术

应用无公害栽培技术进行夏菠菜种植时，为了能够进一步提高种植质量，需要做到以下几点：一是选择适宜品种。可选用耐热品种，耐热品种在30℃左右的高温下仍能正常生长，每亩可产1 500~2 000kg。二是科学整地。先施足底肥，翻耙后作畦。最好采用起垄栽培方式，这样可以保证旱能浇，涝能排，垄距约90cm，垄高10~15cm，垄播种4~5行菠菜。三是加强田间管理。菠菜出苗后可根据土壤墒情适当浇水，经常保

持地面湿润，在 4 片真叶到团棵期，结合浇水亩追施 30kg 氮肥 2~3 次；进入旺盛生长期后，也可叶面喷施磷酸二氢钾，以促进菠菜生长。菠菜生长宜弱光，必须遮阴、降温、防御强光照射，如在棚膜上覆盖遮阳网等。

三、园区管理

无公害栽培技术种植菠菜时，需要合理进行园区管理工作，第一，生长环境直接影响菠菜生长质量，需要定期进行除草，例如，杂草在生长时会吸收土壤的水分与养分，对菠菜生长质量有一定的影响，需要在夏季高温时期进行除草，达到构建良好的种植环境的目的。第二，肥水管理为园区管理工作中的重要组成部分，由于生长前期与后期的温差较大，需要应用不同的管理方法，例如，定期检查土壤湿度，并及时浇水，保障土壤温度较低并湿润。在菠菜生长后期，需要注意除草，并及时补充化肥，为菠菜生长提供足够养分。另外，为了避免天气过冷冻伤生长中的菠菜，需要应用适当的方法进行保温处理。

四、施肥管理

菠菜喜肥沃、湿润、中性偏微碱、腐殖质含量高的土壤，因此，要重施有机肥。一般亩用腐熟有机肥 1 000~1 500kg，若土壤偏酸，每亩可撒生石灰 20~30kg。在菠菜长出真叶后及时浇泼一次清淡粪水，以后随着植株生长，逐步加大追肥浓度，但应在土壤干燥时施用，以防土壤潮湿而滋生病害。施肥要注意掌握轻施、勤施、先淡后浓的原则。前期多施有机肥、即腐熟粪肥，尤其是采收前 15d 停止粪肥浇施，后期进入生长盛期，应分期追施尿素 2~3 次，每亩每次施 5~10kg，促进叶簇生长，提高产量，改善品质。

第二十五节 芹 菜

一、育苗

（一）育苗床的准备

辽宁地区露地芹菜育苗多采用冷床育苗的方式进行，冷床也称阳畦，指利用太阳光的热能来提高畦温。阳畦一般建在背风向阳、土壤肥沃、排灌方便、离定植地较近的地块上。畦宽1.2~1.5m，畦长10~15m。将畦土进行深翻晾晒，覆上12cm厚配制好的营养土，用塑料薄膜扣好，待播。

（二）营养土的配制

营养土可以改善土壤的理化性质，提高土壤肥力，一般由松软、有机质含量高的马粪、草炭土等混合制成。芹菜苗床土一般用腐熟的粪肥、园田土、有机肥料和细沙按2：3：2：1的比例混合制成。

（三）选种

选择籽粒饱满、生长性状好的种子，剔除杂质、腐烂、破损、秕粒和虫蛀的种子，然后将种子进行晾晒1~2d，以提高出苗率，从而达到苗齐、苗壮。

（四）浸种催芽

芹菜浸种多采用温汤浸种的方法，将种子放在常温水中浸泡15min，然后放入55℃的温水中，不断搅拌，并及时补充热水，使水温一直保持在55℃，搅拌15min后，待水温下降，浸泡12~20h，浸完的种子用清水洗掉种子表面的黏液，沥干水分，用纱布包好，放在30~35℃的土炕上或保温箱中，盖上湿毛巾，进行催芽，催芽期间每天用清水冲洗种子1~2次，5~7d可出芽。

(五) 播种

播种前，在育苗床内灌足水，待水全部下渗后，用细沙土找平畦面，然后进行均匀撒播，播完后立即用过筛后的细沙土覆土，覆盖厚度为种子的3~5倍，然后覆膜。

(六) 苗期管理

芹菜喜湿不耐旱，当幼芽顶土时，轻浇1次水，苗出齐后仍要保持土壤湿润，隔2~3d浇1次小水，要早晚浇。当小苗长出3~4片叶时，可进行分苗。一般在午后进行，按株行距6cm×7cm的距离，随移栽随浇水，适当遮阴。分苗后可追施1次尿素，每亩约5kg。

二、定植

(一) 整地作畦

选好地块，做成1m宽硬埂畦。深翻20cm，随着深翻，每亩施入5 000~6 000kg腐熟好的农家肥和20~25kg复合肥，耙平畦面。

(二) 定植方法

定植前1~2d将苗畦浇透水，便于起苗。起苗后进行分级，把大小苗分别栽植，以保证保齐。每畦栽5行，株行距8cm×20cm，用小铲挖穴，将芹菜垂直栽入穴中，栽植深度以“深不埋心，浅不露根”为宜，过深过浅都不利于植株生长，栽完后立即浇缓苗水。

三、田间管理

定植前期为促进缓苗，要保持土壤湿润。缓苗后及时进行中耕除草，以促进新根和新叶的发生，除草要细致。缓苗后要适当控水促根，根据幼苗长势情况进行“蹲苗”，当幼苗叶色浓绿、心叶生长缓慢时，即可结束蹲苗。当心叶进入直立生

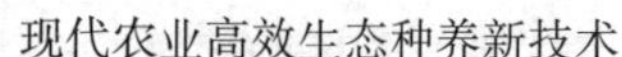

长期时，加强水肥管理，每亩追施尿素35kg，结合浇水进行，追肥浇水后始终保持地面湿润，然后进行一次中耕，增强土壤透气性。株高达到20cm以上时，喷施一次叶面肥。芹菜在生长中后期，肥水要跟上，不能脱肥，否则会造成芹菜叶片细小，组织老化，易空心，降低产品的品质和产量。采收前半个月喷施1~2次赤霉素，以提高产量。

四、采收

芹菜多采用分次擗收的方法进行采收，一般定植一个月后就可进行，每次每株擗收3~5片叶，每次擗收叶数不可过多，要注意保护好心叶，采收后根据需求扎捆成束。

第二十六节　莴　笋

一、选地整地

种植地的选择是莴笋生长的基本条件，种植莴笋的土壤不能选择黏土以及比较厚重的土壤，因为莴笋的吸收性比较差，最好是选择通透性比较好的土壤，沙土或者壤土均可。苗床要选在地势较高并且排水较好的地段。整地要深翻并且将地整平，土质整细，田间起好水沟，方便排水引流。

二、适时播种

莴苣可以长年生产，因此也可多茬育苗。在4—5月采收的莴苣，可在春天2—3月播种育苗。

在5—6月采收的莴苣，应选用耐热、抗病、抽薹晚的品种，一般在4月播种。9—10月采收的莴苣，一般在6—7月播种。冬季采收的莴苣，一般在10月播种。冬季可在日光温室里生产，并可随着采收腾茬后定植。在播种育苗床上，可随

时播种，每月播种一茬，定植一茬，收获一茬，做到边播种、边定植、边收获。

三、科学管理

田间管理最主要的就是施肥、除草以及浇水。莴笋主要是茎干生长，通常需要进行 3 次追肥。第一次追肥是在定植之后 10d 左右，主要是使用粪尿水进行浇灌。等莴笋苗长到 25cm 左右时进行第二次追肥，主要是以尿素为主。最后一次是莴笋茎干胀大时，以尿素为主，同时喷洒适量的钾肥，保证莴笋肉质脆嫩，口感良好。每次施肥都需要和浇水、除草相结合，这样可以让莴笋充分地吸收养分，促进莴笋的生长。

四、采收

莴笋采收过早产量低，采收过迟花茎伸长，纤维增多，茎皮增厚，肉质变硬，甚至中空，使品质降低。因此，当嫩叶顶端与高叶片的叶尖平时为佳采收期，此时肉质茎已肥大，品质较好。留种莴笋应秋播过冬栽培，种株要选择抽薹晚、节间密、没有侧枝、叶少茎粗、不裂口及无病虫害的植株。种株开花前要施足氮肥和磷肥，花期不可缺水，顶花谢后应减少浇水。开花后 11~13d，种子就能成熟，当种子变成黑褐色，并有白色伞状冠毛时，应及时分批采收。如遇连绵阴雨天，种子易腐烂，不宜采种。

第二十七节　萝　卜

一、土壤选择

种植萝卜应选择耗肥少、剩留有机物多、无同种病虫害的作物为前茬。需要避开十字花科的蔬菜作前茬，否则易导致病

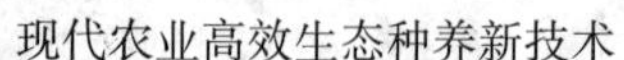

害发生。萝卜对沙壤的适应性较广，为了获得高产、优质的产品，仍以土层深厚、疏松、排水良好、比较肥沃的沙壤土为好。栽培在适宜的土壤里，肉质根的生长才能充分膨大，形状端正，外皮光洁，色泽美观。

二、地块深耕

平整，施肥均匀，才能促进土壤中有效养分和有益微生物的增加，并能疏松透气，有利于根对养分和水分的吸收，从而使叶面积迅速扩大，肉质根加速膨大。每亩可施75kg三元复合肥作基肥，并对土壤进行消毒杀菌，防治病虫害。

三、播种

在播种前，需严格检查种子质量。萝卜栽培均采用直播的方式，直播又分为撒播、条播和穴播3种，撒播、条播用种量较大，出苗后间苗和定苗的工作量也较大，因此专业种植人员基本采用穴播。

穴播是在畦面上按30cm×25cm的行株距开深度3~5cm的浅穴，每穴播种2~4粒，注意种子应在穴内均匀撒开，播后盖上用火土灰、腐熟厩肥和菜园土堆沤并过筛的培养土，厚度约0.5cm，然后浇水。

四、苗期管理

幼苗出土后生长迅速，要及时间苗，以防拥挤、遮阴，引起徒长。要早定苗，分次间苗，保证苗齐和苗壮。一般间苗2~3次，间除是拔除细弱、畸形和病虫为害的苗。

五、合理浇水

浇水主要根据萝卜生长特点、各个生长时期对水分的要求以及气候条件、土壤状况来决定。播种后，若天气干旱，应立

即浇 1 次水，开始出苗时再浇 1 次水，保持地面湿润，保证出苗整齐，并能减轻病毒病的发生。若多雨，则要及时排涝，防止死苗。

六、科学追肥

秋萝卜属大中型萝卜品种，生长期较长。在播前施足基肥的基础上，应适当追肥，尤其是对土壤肥力较低、基肥不足的地块，追肥能明显提高产量。施肥应以氮肥兑水或施粪清水。萝卜“破肚”后，进入叶生长盛期即莲座期，为促进叶面积扩大，还宜施一次速效氮肥；进入肉质根膨大盛期，则追施一次复合肥，有助于肉质根膨大。而在收获前 20d，每周 1 次，连喷 2 次 0.2%的磷酸二氢钾进行叶面追肥，对提高产量和肉质根品质有良好效果。

七、及时收获

秋萝卜的收获依品种和上市期而定。收获过早，产量低、板结无吃味；收获过晚，肉质受冻或空心，品质变劣，引起空心。当根部直径膨大至 8~10cm、长度在 25~30cm 时采收较为适宜。

第二十八节　胡萝卜

一、土壤选择

根据种植地区的实际情况，选择适应性强的胡萝卜品种，是确保胡萝卜产量的关键。胡萝卜一般适宜选用土层较薄、地势较低且湿润的环境，可以采用高畦或小垄栽培，如果土层较为深厚且环境过于干燥，可以选择采用高畦方法。如采用高垄栽培，应当选用垄顶部宽 20cm、高 15~20cm、垄底部宽 25~

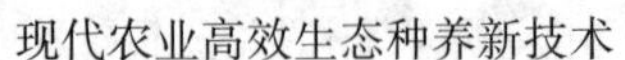

30cm、垄距50~60cm，且每垄种植2行的原则进行胡萝卜的栽培。如采用平畦栽培方式，一般畦宽为1~2m，畦长则依据土地的平整度以及浇水条件来确定。

二、播种

采用高垄、条播的方式，按照每亩播种1~1.3kg的标准进行播种，同时在播种完成后，及时进行覆土镇压工作，确保幼苗的顺利出土。为了保证播种后的胡萝卜幼苗出苗率，种植人员在播种开始前，必须严格的按照要求做好以下几方面的工作。

一是在播种开始前，应该搓去包围在种子表面的刺毛，避免其对种子与土壤之间的接触产生不利的影响。

二是由于胡萝卜的种子胚较小，再加上其生长与出土能力相对较差。因此，在正式播种开始前，种植人员应该先做好种子发芽试验，然后在根据发芽试验结果，确定播种量。

三是为了提高土地平整的质量，种植人员必须严格地按照要求做好细土壤细碎、平整等工作，同时在播种完成后，及时进行覆土镇压的工作，确保种子与土壤的充分接触。

三、田间管理

（一）除草

种植人员在进行露地胡萝卜栽培时，如果胡萝卜出苗后，遇到下雨或者浇水后出现土壤板结现象，那么种植人员必须及时地开展中耕除草，确保胡萝卜的正常生长不受影响。大中型胡萝卜应该按照幼苗期至封行前，必须中耕一次的原则，确保土壤始终处于疏松的状态。

（二）间苗与定苗

胡萝卜幼苗齐苗后，应当及时地进行间苗，间苗间距按照

3cm 左右一个的距离，在幼苗长出 4 片真叶之后再进行二次间苗，在长到 6 片真叶之后，可以按照株距 10cm 左右、每亩 2.6 万~3.0 万株的数量完成定苗工作。此外，为保证胡萝卜间苗和定苗过程中，幼苗可以顺利的成长，一般在间苗过程中将一些弱小、叶片数多、叶色过深的幼苗及时拔出，留存优势幼苗，这是保证后期胡萝卜产量的一大有力措施。

（三）合理浇水

播种完成后，种植人员必须不仅要连续进行 2~3 次齐苗水的浇灌，同时还应密切地关注垄面的湿润度，避免因为垄面出现忽干忽湿的现象，而影响胡萝卜幼苗的出苗率。一般情况下，胡萝卜在播种后的 5~7d 后就会出苗。在出苗后，若天气不是过于干旱，应该尽可能地减少浇水的次数，才能确保胡萝卜幼苗的肉质根系尽可能地向下生长。随着肉质根系的不断膨大，需要的水分也就随之增加，此时必须确保充足的水肥，才能确保胡萝卜的正常生长。

（四）施肥

胡萝卜根系较长，一般深入土壤深度较深，因此在疏松的沙质土壤中长势较好。在胡萝卜播种前，要施足基肥。每亩施腐熟肥和人粪尿 2 000~2 500kg，过磷酸钙 15~20kg，草木灰 100~150kg。种植胡萝卜除施用基肥之外，还要追施 2~3 次。第一次施肥是在出苗之后的 20~25d，长出三四片真叶之后施用，肥料比例按照每亩硫酸铵 5~6kg、钾肥 3~4kg 施用。第二次施肥是在胡萝卜定苗后进行，施肥比例按照每亩硫酸铵 7~8kg、钾肥 4~5kg 施用。第三次施肥在根系膨大盛期加以施用，用肥量同第二次追肥。肥料种类除化肥之外，可以采用腐熟的人类粪便，按照每亩 1 000~2 000kg。在追肥过程中，可以随时灌入也可以加水泼施。生长后期应避免肥水过多，否则易造成裂根，也不利于贮藏。

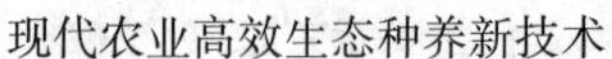

四、及时收获

胡萝卜进入收获期后，种植人员应该及时收获，如果收获时间过晚的话，那么就会导致胡萝卜肉质根系硬化，增加后期储藏工作的难度。一般情况下，应该在每年的10月中下旬开展胡萝卜的收获工作。

第三章 果茶高效生态种植技术

第一节 苹 果

一、建园

苹果树种植的第一步就是进行建园，建园要选在日照和通风管理良好的地区进行，要注意选取的地区土壤情况，如有机质含量的高低、土壤盐碱化状况等。另外，要注意建园的区域是否方便灌溉。建园地址最好处于逆温带，这样可以保证苹果的根系在冬季时免于冬寒，有利于增加翌年春天的成活率。如果建园的地区坡度较大，需要进行改台地处理，对土地进行深耕，增强土地的透气性，减少水土流失。在深耕的过程中要注意配合施肥，有利于提升土壤肥力。在正式建园之前，需要合理规划园地面积分配，划分出栽培区、道路和栽培工具储藏间等。在规划道路时，需要考虑肥料和产品的运输，以及栽培过程中可能会用到的农用设施，进而确定适宜的道路宽度。果林中的人行道也要合理规划，方便人工修剪和采摘。

二、栽植

苹果栽植最好在土壤完全解冻后、苗木萌芽之间的这段时间进行。在进行栽植之前的 1~2 个月应当做好栽植的准备工作，开沟时最好把宽度控制在 1~1.2m、深度控制在 25~40cm 为宜。栽植时，要注意每棵苹果树的行间距，最好保持一致，

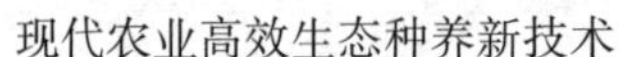

有利于果树接受光照和日后进行果树管理。按照 0.8m×0.8m 进行定点挖坑，同时在每个坑中施用有机肥 50kg。施肥时要注意应该先把有机肥掺匀，再放入所挖坑的最底层，进行深挖浅栽，避免出现底肥烧根的情况。在苹果树苗栽植之后，需要对树苗立刻进行浇水，浇水的量要充足，保证整个根系都接触到水分。然后定干，高度保持在 80cm 左右为宜，同时注意在剪口处涂抹保护剂，整形带套长 30cm 的薄膜袋子。

三、土肥水管理

全年全园中耕 2~3 次。一般进行 2 次机械深翻耕，树盘进行 3 次以上。秋季深翻扩盘深达 30cm。没有郁闭的成龄果园行间种绿肥，培肥地力，但要保证间作面积不大于全园的 30%。间作物以苜蓿、大豆为主。当年生绿肥，当年 6 月翻压后再播种，果品采收前再翻压 1 次。

结果树全年施肥量（有机肥）至少应达到斤果斤肥的标准。成龄树于 7 月中旬至 9 月中旬在株间或行间树冠滴水线下开环状沟，长 1.5~2m、宽 0.4~0.5m、深 0.5~0.6m，每亩施腐熟有机肥 2 500~3 000kg。

追肥主要分花前肥、花芽分化肥、果实膨大肥，重点是花前肥和花芽分化肥。追肥的氮磷钾比例为 1∶1∶0.3，一般亩产 2 000~3 000kg的果园，全年有机肥施用量为 3~4t，并搭配适量微肥。前期以氮肥为主，中期以磷肥钾肥为主。沿树冠滴水线下均匀挖 1 圈深 0.2~0.3m 的环状沟施入。

每年灌水 6~7 次，亩灌水量 800~1 000m^3，灌水重点在前期，后期适当控水，以提高果品质量。

四、整形修剪

在果树生长的过程中要对枝条进行适当地整形修剪，这样不仅能保证苹果苗能够获取充足的阳光、改善果林间通风情

况，而且有利于提高苹果苗的坐果率。在苹果苗的幼树期，对树苗按照纺锤形进行修剪即可。冬季时，需要对苹果树主干上过于茂密的树枝和竞争枝进行修剪，同时淘汰掉病弱的树枝。夏季时，需要注意对树枝长势进行控制和处理。通过对枝条进行拉枝、扭梢、捋枝等工作，有效控制密生枝和徒长枝，促进细弱枝条的健康发展。果农需要对中心干上的主枝进行调整，使主枝均匀分布，有利于保持中心干的长势，避免出现分枝的情况。在果树的盛果期应该注重培养和更新结果枝。

五、花果管理

不同品种的苹果果型不同，坐果率也不同。果农应当根据所种植的苹果品种，对其进行科学的花果管理。以红盖露苹果为例，该种苹果属于中大型果，连续结果能力强，容易成花，坐果率高。如果幼树的留果过多，会使树体衰弱、果实变小。因此要对果树进行疏花疏果，使果树的负载适当，控制叶果比例在 45：1 左右为宜。不同的苹果树在不同的地理环境下的留果量和苹果着色程度也有所不同，果农可根据具体情况决定是否需要进行套袋。如果不需要套袋，应对果实进行摘叶转色处理，让果实朝着太阳光进行自然着色，既美观又鲜艳。

第二节　桃

一、桃园建立

1. 园地选择

桃树宜选择排水良好、土质疏松的沙质壤土，坡向以南坡最好，但忌连作，即已栽过桃树的土地不能再种桃树。

2. 定植前的改土

定植桃树前一定要进行深翻改土，坡地应改成梯地，增厚

土层，然后按株行距挖定植穴或定植沟，穴深、穴宽应有2.5~3尺*，每穴至少压足50kg渣肥，压3~4层，以达到疏松透气、改良土壤理化性状的目的。平坝及黏质土也要改良，实行深沟高厢栽培，排水沟深度在2.5尺以上。厢内按条形沟改土，沟深80cm、宽70cm，分三层压入垃圾肥、渣肥。

3. 种植时期

春秋均可种植，但以秋植最好，秋植气温高，雨水多，根系损伤后易恢复，翌年可减少蹲苗时间，萌芽整齐。

4. 栽植密度

一般应根据品种特性、地势、土壤条件、整形方式和栽培方式而定。树势强的品种可栽稀一些，树势弱的品种可栽密一些；平地比山地栽培距离大；肥沃土壤比瘠薄地栽培距离大；计划密植园比固定种植园栽植密度大；“Y”形整形的比开心形整形的栽培密度大。一般株行距为3m×4m或3m×3m，亩栽56株或74株。

5. 定植

栽植前将伤根和过大的主根修剪一下，然后扶正植株，理伸根系，盖土5~10cm，用脚踏实，在苗木周围培土埂做成圆盘，然后灌透水，待水下渗后盖一层细土，也可再盖一层草，可减少水分蒸发，有利于成活。

二、土肥水管理

（一）土壤管理

幼年园，可夏种蔬菜，冬种绿肥，既能增加果园收入，又能提高土壤肥力，成年园不间作。

夏季中耕松土、除草；秋冬季深翻扩穴、增施有机肥，改良土壤理化性状。

---

* 1尺≈0.33m，全书同。

（二）肥水管理

1. 栽后第一年桃树肥水管理

栽后第一年是桃树长树成形的关键，在肥水管理上要做到“淡肥勤施”，3—6月，每半月左右施一次肥，共施8次，前6次是50kg清粪水加100g尿素施4株树，促多抽枝发叶，迅速成形，最后2次是50kg清粪水加100g磷酸二氢钾施4株树，促枝梢成熟及花芽分化。

2. 栽后翌年及以后的肥水管理

桃树比柑橘、苹果等耐瘠薄，但投产后每年至少应施3次肥。

（1）萌芽肥。施肥量应占全年施肥量的10%~20%，应以灌水为主。大部分地区都是冬干春旱，桃根又无绝对休眠期，早春萌动需水较多，生长正常树、花芽饱满树应以灌水为主，弱树可适当增施一点速效氮肥，促弱树生长转旺，施肥时间在1月下旬至2月上中旬。

（2）壮果肥。在幼果停止脱落即核硬化前的5月10日以后进行。此肥料应以钾肥为主，促进果实膨大，促进花芽分化，充实新梢，早熟种不施磷钾肥，中熟种及晚熟种施钾（K_2O）40%、氮（N）15%~20%、磷（P_2O_5）20%~30%，树势旺、挂果又少者可以不施肥。

（3）采果肥。一般在采果前后施用，其目的是及时恢复树势，促进叶片机能的活跃，增强同化作用，增加养分的积累，提高花芽分化的数量和质量，提高桃树越冬抗寒力。一般早、中熟品种宜在采收后及时施用，晚熟品种在采收前施用，施肥量应占全年施肥量的50%~60%，氮、磷、钾三要素配合施，施肥比例为氮：磷：钾=1：0.5：1。

（4）秋施基肥。10—12月施下，以腐熟的有机肥为主，一般按斤果斤肥的原则施。

（5）根外追肥。桃盛花初期、幼果期喷硼肥可提高坐果

率，果实膨大期喷磷、钾肥可促进果实发育，减少采前落果，采果后喷施氮、磷、钾肥可保叶，推迟落叶期，促进花芽分化。各种肥料喷施浓度，硼砂或硼酸 0.1%～0.3%，尿素 0.3%～0.4%，硫酸钾 0.3%～0.5%，磷酸二氢钾 0.2%～0.3%，硫酸锌 0.3%。

（三）施肥方法

土壤施肥方法有环状施肥法、沟状施肥法及穴施法。幼树采用环状施肥法，大面积成年树采用沟状施肥法，山地采用穴施法。一般在树冠滴水线上挖施肥穴。

三、桃树整形

桃树具有干性弱、萌芽率高、成枝力强的特点，因而形成树冠快、结果早，但衰老亦快，因此在整形上要尽快成形，缩短营养生长期。

1. 自然开心形

头年秋季定植，然后在 50～60cm 处定干，翌年春萌芽抽梢后，选留 3 个生长健壮、分布均匀（枝与枝夹角为 120°）的新梢培养成主枝，其余新梢抹去，当主枝长到 60cm 时进行摘心，促进其多发副梢和二次副梢以及三次副梢，二次、三次副梢可以培养成结果枝。主枝相距 10～15cm，主枝与主干的夹角（基角）呈 30°～45°，主枝腰角 60°～80°，梢角 70°～90°。每个主枝上选留 2～3 个侧枝，在主枝和侧枝上尽量多留小枝和枝组。

2. “Y” 形

冬季不定干，春季萌芽后，将主干拉斜，成为第一个主枝，在主干 50cm 处选留生长健壮的新梢扶正让其生长，当长到 60cm 时将其拉斜培养成第二个主枝，主枝夹角为 120°，主枝多留小枝和枝组。

四、桃树修剪

桃树修剪分夏季修剪和冬季修剪，一般应贯彻夏季修剪为主、冬季修剪为辅的原则。

（一）夏季修剪

1. 抹芽、除萌

抹掉树冠内膛的徒长芽，剪口下的竞争芽、双生芽，过密芽，称为抹芽；芽长到 5cm 时把嫩梢掰掉称除萌，一般双枝“去一留一”。通过抹芽、除萌，可以减少无用的新梢，改善光照条件，节省养分，促使留下的新梢生长健壮，并减少冬季修剪量，这对幼树、旺树特别重要，但这项工作往往又容易被大家忽视。

2. 摘心

摘心是把正在生长的枝条顶端的一小段嫩枝连同嫩芽一起摘除。它能使枝梢停止生长，把养分转向充实枝条，促进花芽分化。桃树摘心是生长期中不可缺少的技术措施，绝大多数枝条都需要摘心，50cm 处摘心最为恰当。

3. 扭梢

扭梢是把直立的徒长枝和其他旺长枝扭转 180°，使向上生长扭转为向下生长，但不要扭断，主要目的是削弱生长势，促进徒长枝转为结果枝，同时也能改善光照。这项工作是对抹芽工作做得不彻底的一种补救措施，旺树尤其应采用。

4. 撑、拉、吊枝

主要是开张角度，缓和树势，提早结果，防止主干下部光秃无枝的关键措施，撑、拉、吊枝一般在 5 月进行。

（二）冬季修剪

1. 幼树修剪

以长放为主，充分利用夏剪技术，尽快成形，留作结果用

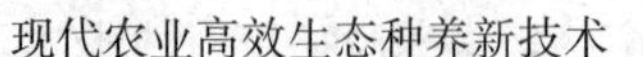

的长枝一般不短切，多留果枝，以缓和树势，提高坐果率，骨干枝的延长枝留 50~70cm 短切。对特旺的树，应注意让其多挂果，如反背枝、立生枝、下垂枝都要让其挂果，以缓和树势，提高单株产量，有经验的果农常说“以剪压树树不怕，以果压树树听话”。

2. 盛果期的修剪

此时主枝逐渐开张，树势逐渐缓和，树冠相对稳定，枝条生长量降低，徒长枝减少，结果枝增加，短果枝的比重上升，生长与结果矛盾激化，内膛及下部枝易枯死。此时修剪量比幼树期大，对骨干枝要回缩更新，采用疏缩结合，去弱留强。内膛如果已经空虚，应注意从第二侧枝上培养回生枝填补空间，增加结果部位。桃树进入盛果期就要注意从基部培养更新枝，对中庸树应疏去病弱枝，一般长、中果枝剪去先端不充实部分，对短果枝、花束状短果枝进行疏剪，对旺枝要长留长放，33cm 左右的健壮果枝不用短切。

3. 衰老期的修剪

此时树体上几乎全为短果枝，此时应对骨干枝采用回缩重剪，回缩到 2~3 年生部位，注意从大伤口处培养徒长枝，重新形成树冠，达到更新树冠的目的。

第三节　梨

一、栽植

（一）园地选择及规划

园地尽量选择在土层深厚、能灌能排、较肥沃的壤土、沙壤土地块。山地选择在坡度 15°以下，坡向南、西、东的高旷处建园。园地选择好后因地形地势进行合理的规划，山地一般顺着坡向定行向，沿等高线按 3m 的株距挖 1m×1m 的坑，川

地、河流两岸顺着流水方向定行向，按 3m×4m 的株行距挖 1m×1m 的坑。挖坑时，将表土和底土分开堆放，挖好后施农家肥 2 000~3 000kg/亩、磷肥 50~80kg/亩，与表土拌匀回填，填后浇水，等待栽植。

（二）栽植建园

苗木必须选用品种纯正、根系健全发达、接口愈合良好的 1 级苗木，春季栽植前苗木根系蘸稀泥浆处理。栽后及时浇水，树盘覆膜，统一按 80cm 定干。秋季调查成活率及新梢生长状况，结果表明，栽后覆膜的成活率达 97.9%，比栽后未覆膜的成活率（79.8%）提高 18.1 个百分点，单株总生长量增加 24cm。

（三）授粉树配置

主栽早酥梨时按 8∶1 的比例中心式配置授粉品种，授粉品种为二十世纪。砀山酥梨、雪花梨可相互授粉，均属晚熟品种，按 2∶2 的等行式配置。

二、土肥水管理

（一）土壤管理

1. 深翻园土

10—11 月，结合秋施基肥对梨园进行全园深翻，深度 20~30cm，有利于疏松耕层土壤，冻死越冬幼虫，减少翌年病虫害的发生。

2. 合理间作

幼树期间作，间作物选择豆类、薯类作物和蔬菜等，推荐间作草莓。梨苗定植后覆膜，间作时留 1m 的果树带。

（二）施肥

秋施基肥，合理追肥。梨园以秋施有机肥为主，盛果期梨园施肥量按“斤果斤肥”确定，幼龄梨园一般不低于 1 500

kg。高产梨园亩产在5 000kg左右，因而施肥量不低于5 000 kg。施肥时间应在果实采收后进行，一般采用环状沟施法。为了满足梨树各个生长期对养分的需要，梨园施肥必须注意基肥（有机肥）与追肥（化肥）相结合，大量元素与中微量元素相结合。在施足基肥的基础上，进行根际追肥和根外追肥。

1. 根际追肥

在生长季共进行2~3次根际追肥。第一次追肥在萌芽前进行，以氮肥为主。第二次追肥在5月下旬花芽分化前进行，施以钾肥为主的复合肥。幼树一般进行以上2次追肥。进入结果期的树，进行第三次追肥，第三次追肥在7—8月进行，以钾肥为主，促进果实肥大和提高品质。

2. 根外追肥

生长季节根据果树生长势、土壤营养状况，结合病虫害防治进行叶面喷肥，可选用尿素、磷酸二氢钾、万得福3号果树专用液肥、惠满丰等，花期喷洒0.5%硼砂溶液，能明显提高坐果率。试验结果表明，花后、花芽分化期、果实膨大期喷施惠满丰300倍液或万得福3号300倍液，能有效地促进树体生长发育，增强树势，且有利于花芽分化，提高产量和果实品质。

（三）穴贮肥水

山地等无灌溉条件的梨园，推广运用穴贮肥水法。具体方法是春季树体发芽后，在树盘边缘挖2个（幼树）至4个（成龄树）直径为40cm、深50cm的穴，用麦草或玉米秸等扎成直径约为40cm、高40cm的草把，水中浸泡后放入小穴，再施入化肥，灌水15kg，穴口覆盖地膜，膜中间扎一小孔，以备下雨时集水所用。试验表明，旱地梨园采用穴贮肥水技术，能明显促进树体生长，提高产量及果实品质。

三、整形修剪

（一）树形

根据梨树生长结果习性，采用小冠径疏散分层形，株行距为3m×4m。树体干高60cm，树高3m，冠幅3~3.5m，树冠果半圆形，第一层主枝3个，层内距30cm；第二层主枝2个，层内距20cm；第三层主枝1个，第一层与第二层间距80cm，第二层与第三层间距60cm。主枝上不配备侧枝，直接着生大、中、小型结果枝组。

（二）修剪

幼树修剪遵循“轻剪、长放、多留枝、冬夏剪相结合，突出夏季修剪”的原则，按照“一促二缓三开四调”的步骤进行。

1. 促

密植树要求在短期内有一定的生长枝量，以保证早期丰产的结果体积。所以，在幼树期（1~3年），对骨干枝要加大短截修剪的比例，并进行刻芽等措施，以促进分枝，防止树体产生上强下弱的现象，达到早期成形的目的。梨树推广运用二次定干法，即定干后，当剪口芽长到30cm时全部剪去。二芽枝再次生长带头。小冠疏层形基部的三主枝，冬剪时要用重短截的方法，否则易上强下弱。对辅养枝等要轻剪长放。

2. 缓

在3~4年生梨树修剪上，多以缓放为主。

3. 开

通见透光，适时进行枝类转化，通过整形修剪达到树密枝不密、通风透光良好的目的。4~5年生的树，加强夏季修剪。具体方法为除萌，对部分新梢在25cm左右进行摘心，8月进行拉枝，拉枝能有效地促进梨树枝类转化，增加中短枝、叶丛

枝的数量，促进梨树花芽形成。

4. 调

梨树极性生长较强，密植园株行距较小，树体极易向上生长。所以进入结果期的梨树，要通过疏枝、回缩等措施进行调整，控制树体大小，降低树体高度，控制非骨干枝，改善树体光照，集中养分供给，培养健壮枝组，以利高产、优质、稳产。

四、花果管理

（一）疏花疏果

为了达到优质、丰产、稳产，每年视花量的多少采用间距法进行疏花疏果，实现合理负载，提高坐果率。花前疏蕾，每隔 20~25cm 留 1 个花序，每花序留 2 朵边花，坐果期进行定果，每序留 1 个果，疏去病虫果、畸形果、小果，在花后 1 月内完成，使叶果比基本上达到（25~30）：1。

（二）果实套袋

定果后及时喷药，梨幼果直径达 2cm 时套袋。采收期摘袋，套袋果与对照果相比，可明显地改进果实的外在品质，果面光亮，果点小，果实硬度稍有增加，虫果率减少，还可减少农药残留和农药投入，经济效益较高。

第四节　樱　桃

一、推广良种

诸暨短柄樱桃：黄红色，成熟早，柔软多汁。

紫晶（浙 R-SV-CP-007-2018）：紫红色，固酸比高，口感甜。

黑珍珠（地方品种）：红色，果实较大，成熟晚。

江南红（浙认果 2018002）：成熟时红色，完熟时紫红色，成熟早，甜味浓，适宜江浙一带种植。

二、肥水管理

10—11 月落叶前施有机基肥，占全年施肥量的 50%～70%。初花期至盛花期每隔 10d 连续喷施带硼叶面肥。采果后立即施适量化肥。个别品种定植后翌年不施肥，第三年结果后施肥。

花前及施肥后灌水。果实膨大期至成熟期水分需平稳补给。

三、整形修剪

采用自然丛生形或开心形，夏季要轻剪长放以拉枝为主。

第五节　板　栗

一、深翻扩穴

深翻不仅能熟化土壤，并且能增加土的通透性，使雨水渗入土层中，起到保土和蓄水的作用。深翻结合清除杂草、压绿肥等，可以提高土壤肥力，具有消灭部分病虫害、便于采收操作等作用。

板栗大多生长在瘠薄山地，土质坚实，栽树时挖定植穴过小，虽已栽植多年，但根系仍局限在定植穴内，很难向远处伸展，根系发育受限，树体生长缓慢而形成“小老树”，所以定植时应挖大坑栽植，已栽植在小穴内的树应逐年扩穴，使根系生长在较宽松的空间。

二、中耕除草

中耕除草工作对板栗树的生长发育是非常重要的，因为在板栗幼树期的时候，根部能力还不够发达，营养吸收较弱，受到的杂草威胁比较大。因此在板栗树的生长中每年至少要进行两次中耕除草工作，能够提高土壤的通透性与保墒能力，促进根部的呼吸与营养吸收，在除草的时候要注意不可伤到树根，使用除草剂时注意用量，防止对板栗树产生影响。除过的草可以将其翻入土壤中作为绿肥。

三、合理间作

板栗树之间的间距比较大，因此可以在板栗树之间合理间作。间作要选择低秆、生长期短且肥水需求量少的作物，并且要保证可提高土壤的肥力、改善土壤结构、没有与板栗共同病虫害的作物，如花生、豌豆等。成熟后的作物可以作为绿肥直接翻入田中。

四、水肥管理

基肥应以土杂肥为主，以改良土壤，提高土壤的保肥保水能力，提供较全面的营养元素，施用时间以采果后秋施为好，此期气温较高，肥料易腐熟，同时此时正值新根发生期，利于吸收，从而促进树体营养的积累，对翌年雌花的分化有良好作用。

追肥以氮肥为主，配合磷、钾肥，追肥时间是早春和夏季，春施一般初栽果树每株追施尿素 0. 3~0. 5kg，盛果期大树每株追施尿素 2kg。追后要结合浇水，充分发挥肥效。夏季追肥在 7 月下旬至 8 月中旬进行。这时施氮肥和磷肥可以促进果粒增大，果肉饱满，提高果实品质。

根外追肥一年可进行多次，重点要搞好两次。第一次是早

春枝条基部叶在刚开展由黄变绿时，喷 0.3%~0.5%尿素加 0.3%~0.5%硼砂，其作用是促进基本叶功能，提高光合作用，促进罐花形成。第二次是采收前 1 个月和半个月间隔 10~15d 喷 2 次 0.1%的磷酸二氢钾，主要作用是提高光合效能，促进叶片等器官中营养物质向果实内转移，有明显增加单粒重的作用。

板栗较喜水，一般发芽前和果实迅速增长期各灌水一次，有利于果树正常生长发育和果实品质提高。

第六节　猕猴桃

一、合理选地

猕猴桃是一种半阴性果树，能够在比较潮湿的环境中良好生长，但猕猴桃树本身不具有耐涝性及耐旱性，所以应当选择排水条件良好、土壤肥厚的土地，例如可选择腐殖土，微酸土壤也相对比较合适，但要保证 pH 值控制在 5.5~6.5。另外，猕猴桃树能够和其他植物一起栽植，具有喜光性和共生性，在丘陵地带或者是山区，也可以得到良好生长。若是在平原地区种植猕猴桃树，需要对土壤进行平整，保证土壤肥沃。

二、严格控制种植时间

在猕猴桃栽植的过程中，应当严格控制种植时间，选择科学合理的栽种密度和方法。种植的时间应选择冬季或者是春季，在冬季种植猕猴桃时，要等到苗木落叶之后栽培，在春季种植猕猴桃要在苗木萌芽之前进行栽培。

三、定植

在猕猴桃种植的过程中，应选择根系发达、状态比较良好

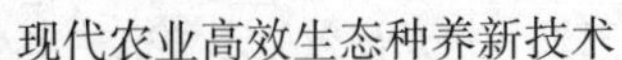

的苗木作为嫁接苗，定植之前要加强苗木修剪工作，修剪去除猕猴桃中病虫害的枝条，同时将健康的枝条嫁接到根部良好植物上。在定植的过程中，要理顺嫁接苗根系，保障苗木种植深度要超过嫁接时的覆盖深度，最后要对猕猴桃进行浇水，切实保障充足的水分。

四、修剪整形

修剪整形的工作主要包括猕猴桃的抹芽、摘心、绑蔓等。此外，要切实做好疏枝处理工作，若是枝丫长到 15cm 时，要将交叉枝、弱枝修剪去除。

五、施肥

果园施肥分环状沟施法、穴施法、撒施法、施肥枪点施法、水肥一体化的滴灌施肥法 5 种方法。施基肥时，幼园结合深翻挖环状沟施入，沟宽 30~40cm，深度 40cm，逐年向外扩展，全园深翻一遍后改用撒施，将肥料均匀地撒施于树冠下，浅翻 10~15cm。施追肥时，幼园在树冠投影范围内撒施，树冠封行后全园撒施，浅翻 10~15cm。施基肥和追肥后均应灌水，最后一次追肥应在采收期 30d 前进行。提倡果园生草，增加土壤有机质含量，从而达到改良土壤的目的。

第七节　核　桃

一、园地选择与品种配置

核桃是多年生的深根性喜光果树，要选择背风向阳的缓坡地、平地或河谷地。要求排水良好，土壤厚度在 1m 以上，土质疏松，pH 值为 7.0~7.5 的壤土和沙壤土较为适宜。核桃建园时需要考虑同时选用 2~3 个雌雄花期相近或互补的主栽品

种，或配置适宜的授粉品种，以保证正常的授粉受精。授粉品种要求与主栽品种同时开花，且能产生大量发芽率高、亲和力强的花粉，并与主栽品种相互授粉良好。

二、整地

栽植穴的大小以 1m×1m×1m 较为合适。每定植穴施优质农家肥 30~50kg，磷肥 3~5kg，然后熟土回填。

三、栽植技术

（一）栽植时间

以秋季和春季为宜。秋季 10 月下旬至 11 月下旬，春季 4 月上旬至 5 月上旬。

（二）栽植密度

栽植密度要根据立地条件、栽培品种和管理水平而定。

（三）栽后管理

1. 施肥和灌水

栽植必须浇足定根水，如遇干旱，两周后应再浇一次透水，以提高造林成活率。苗木成活后，当新梢长到 10cm 以上时可适量追施速效氮肥，后期以磷钾肥为主，也可进行叶面追肥。

2. 除草与病虫害防治

核桃栽植后，除草要做到除早、除小、除尽，同时要加强核桃叶甲等病虫害防治。可以通过选择抗病性强的新品种，加强后期管理，提高树势；高留树干，选择合理树形；及时清理果园，树冠消毒处理；定期对树干进行涂白保护，尽可能减少病虫害的发病概率，提升核桃的产量与质量，实现丰产栽培要求。

四、土壤管理

(一) 深翻扩盘

幼树定植 2~3 年后逐年向外深翻，扩大栽植穴，直至株间全部翻遍为止，每次深翻扩穴可结合施入有机肥。

(二) 松土除草

每年除草 4~8 次，做到有草必除。

(三) 合理施肥

幼树以氮肥为主，成龄树则应在施氮肥的同时，注意增施农家肥。随着树龄的增长，应适当增施磷钾肥的用量。

(四) 合理间作

核桃园间作必须种植矮秆作物，如大豆、药材等，同时间作物要与树保持一定的距离。

五、整形与修剪

核桃树的修剪主要有秋季修剪、春季修剪和夏季修剪，修剪时应避开伤流期（11 月中旬到翌年 3 月下旬）。秋剪是在果实采摘后至树木落叶前进行（10 月）；春剪是在核桃树发芽后进行（4 月下旬至 5 月上旬）；夏剪在展叶后至幼果坐定时进行。

(一) 幼树整形

核桃幼树阶段是从苗木定植开始到结果初期，早实核桃为 3~4 年，晚实核桃为 6~7 年。幼树阶段正是树体发育和奠定结果基础的重要阶段，这一时期的管理质量对合理树形的形成、产量和效益的提高有直接影响。

(二) 修剪

修剪是在整形的基础上，继续培养树冠骨架和良好的冠

形，有效地控制主枝和各级侧枝在树冠内部的合理配置，创造良好的通风透光条件。

第八节　葡　萄

一、整土和定植

（一）整土

在葡萄种植之前，种植人员需要根据实际需要，做好种植地选择工作，然后对选择的地块进行深翻，但需要将其深度控制在0.5m左右。对于部分较大的土块而言，需要将其敲碎，以保证土地的平整度。当完成土地深翻工作后，需要进行挖沟环节，同样要控制好沟的深度和宽度，在通常情况下其深度和宽度均控制在0.8m，其中沟间距宜控制为1m。在实际的回填过程中，需要将底肥一起拌入。种植人员需要在挖好的沟底垫上一层垫料，其中垫料的厚度宜为0.3m，通常主要由枝叶、杂草、秸秆组成。当完成上述环节操作后，在将适量生物菌肥、50kg左右钙镁磷肥、30kg氮磷钾复合肥以及少量当地土壤中缺少的微量元素与土拌匀混合填入定植沟的中层，最上层0.2m填入复合肥混合土，沟内浇足水，将地面沉实。

（二）定植

在通常情况下，定植时间主要在冬末春初进行，在葡萄定植之前，按照要求需要剪去葡萄苗过长根系，只需要保留15cm左右。在葡萄定植过程中，需要将其行距、株距、深度分别控制为2m、0.2m、0.15m，在这一过程中要保证其根系舒展。待完成定植作业后，将水注入葡萄沟内，在此过程中所注入的水要充足，待到沟内的水全部渗透完之后，再将葡萄苗用细土埋上，为葡萄苗生根发芽提供重要的保障基础。

二、枝果管理

(一) 整形修剪

在葡萄藤生长期间，按照葡萄栽培技术要求，需要对其进行及时修剪。当葡萄枝条为 5~10cm 时，此时需要去除其他副梢部分，只保留 1 条健壮枝条作为主蔓。当葡萄在铁丝架下定梢后，植株保留 1 条主干，上架后分生 3 条主蔓，主蔓上生着短梢枝组，枝组距离保持在 20~30cm。当前这种整形修剪方式，不但可以保证葡萄有着良好的通风性，而且为保证果实的品质提供了重要的保障。

(二) 疏花整穗

结果新梢摘心需要在开花前 5~7d 进行，同时根据要求去除副梢。疏果环节要在葡萄进入果实膨大期间进行，尽可能的保留优质的果实，去除品质不佳的果粒。同时要保证每穗留 60~80 粒，确保果粒分布均匀，提高果实的整体品质。

(三) 套袋

在葡萄种植过程中，当葡萄果实坐果稳定后，此时需要做好套袋工作，对果实做更好地保护。在对果实进行套袋之前，需要预先整理果穗，确保果穗垂直向下，然后再喷洒杀菌剂，喷洒次数为 1 次，当喷洒的杀菌剂全面晾干后，再选用不透明袋子将果穗进行套装。在葡萄采摘前 10d，为了保证葡萄果实能够吸收足够的光照，此时需要提前去除套袋，促进果粒着色，提高果实的品质。

三、水肥管理

在葡萄生长过程中，往往需要足够的肥料，种植人员应当根据葡萄的生长需要及当地的具体实际情况，科学的进行施肥。在通常情况下葡萄所需要的肥料主要为钾肥、氮肥、磷肥

等，并且其比例需要控制在2：1：1。根据葡萄种植要求可知，生产100kg葡萄，需要0.5~1kg氧化钾、0.2~0.4kg五氧化二磷、0.5~1kg氮，必须严格控制好肥料的施用比例。除了保证肥料充足以外，还需要加强水分管理。因为葡萄植株对水分需求有着较为显著的阶段性差异，萌芽到开花对水分需求逐渐增加，开花之后到开始成熟前需要水分最多，成熟期后逐渐减少。由于不同时期葡萄对于水分和肥料要求不同，这就要坚持具体问题具体分析的原则，根据不同时期需求，有针对性的开展水肥管理工作。

第九节　枣

一、树形选择

矮化密植枣园便于管理，能够提高生产效率，容易获得早期收益，是现代枣园发展的方向。矮化密植枣园选用的树形要与所栽植的密度相适应。栽植密度小的用大冠树形，栽植密度大的用小冠树形。小冠疏层形适用于株行距为（2~3）m×（4~5）m的中等密度枣园，纺锤形适用于株行距为（1.5~2）m×（3~4）m的较高密度枣园，开心形适用于株行距为（0.5~1）m×1.5m的高密度枣园。

二、土肥水管理

基肥有机肥是生产优质枣果的基础保证，少施或不施有机肥的枣园所产的枣果品质较差。枣树的基肥应以有机肥为主，适当补充磷肥。施基肥的最佳时间在果实采收后到落叶之前，其次为春季土壤解冻后至发芽前。以往的基肥主要是腐熟的农家肥，如鸡粪、羊粪、土杂肥等。

土壤追肥土壤追肥是增加氮、磷、钾的重要措施。枣树追

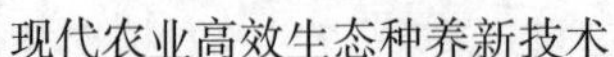

肥关键期有 4 个：萌芽肥、坐果肥、膨果肥和增重肥。萌芽肥在 4 月上旬枣树萌芽前施入，以氮肥为主，可施入尿素 0.1~0.2kg/株，小树少些，大树多些。坐果肥在 5 月下旬至 6 月上旬施入，以氮肥为主，每株施尿素 0.5kg、磷酸二氢铵 0.5kg。膨果肥应在 7 月上旬施入，以磷钾肥为主。施肥深度 20~30cm，施肥部位在树盘树冠投影之内，施入追肥后要浇水，或在降雨前施入。增重肥应在 8 月上中旬施入，株施硫酸钾 0.5~1.0kg，可以促进果实膨大，提高果实品质。8 月底以后不再追肥，防止树体徒长，不利于越冬。

三、保花保果

一是花期施肥。花前或初花期，每株施复合肥 1~3kg。二是花期浇水。一般在初花期和盛期各浇一次透水。三是枣头摘心。从初花期开始对当年新生枣头采取连续摘心措施，以提高坐果率。四是花期喷水。喷水时间以傍晚为好，喷水次数依天气干旱程度而定，一般年份喷 3~4 次，严重干旱年份喷水 4~6 次。五是叶面喷肥。从初花期至幼果期，每半个月喷 2 次 0.2%的尿素和 0.3%的磷酸二氢钾湿合液，盛花期加喷 0.3%的硼砂，可以提高坐果率 30%以上。六是花期环剥（开甲）。环剥的宽度以 0.3~0.5cm 为宜，少数特旺树可适当再放宽到 0.6~0.7cm，对于弱树小树不宜环剥。七是盛花期树上喷 15~20mg/mL 的赤霉素加 0.3%的尿素混合液 2~3 次，可明显提高坐果率。在喷后 5~6d，遇到低温天气，可补喷 1 次。八是花期放蜂。在一般情况下，花需异花授粉才能结果，异花授粉可以提高坐果率。蜂箱在枣园应均匀分布距离以 300m 为宜。九是病虫害防治。花期前或初花期喷一次 20%的灭扫利 3 000 倍液加 1.8%的阿维菌素 4 000倍液，防治枣树红蜘蛛、枣步曲、枣壁虱等虫害。

四、疏花疏果

疏花疏果可根据坐果情况进行，一般在 6 月中下旬进行。每个枣吊只留 3~4 个果型端正的枣果，其余的花、果全部摘除，留果要尽量选留顶花果。疏果越早，枣果就长得越快，枣果的整齐度高、品质好、产量高。经观测，采取疏花疏果措施后，生理落果明显减轻。试验表明，实行疏花疏果的冬枣树，枣吊坐果率是对照的 2.4 倍。

五、减少裂果

秋季枣果遇雨易裂果，是影响枣产业发展的重大问题，许多人对如何减少裂果的发生进行了研究，认为可通过选择抗裂品种、搭建遮雨棚、延迟果实成熟等技术的应用防治裂果。搭建遮雨棚已在各枣产区都有比较成熟的技术，可使完好果率在90%以上，经济效益明显。搭建遮雨棚每亩枣园需要成本5 000~10 000元，在搭棚后还要注意防止风害、病虫害等。遮雨棚适用于品质好、售价高的枣品种，平地或坡度不大的枣园可以利用，大面积的枣园应用有一定困难，特别是山区枣园搭棚成本过高，较难采用。

第十节　山　楂

一、选地栽培

山楂树的适应性较强，只要选择土层深厚、土质肥沃、易于保肥保水，又不过于黏的中性或微酸性土壤上建园为佳。对于土层过薄、水土易于流失的，不能栽植山楂。

二、整地播种

1. 栽植树苗

做好土地整理，要在选定的林地中挖掘 1m×1m×1m 的深坑，同时要分别堆放地表土与深坑土。向坑内先填表土，然后在填一半深坑土，最后浇透水即可。

2. 选择树苗

应挑选质量好、顶芽饱满、根系丰富的幼苗，幼苗的地径直径为 1.2~1.5cm，且根系部分必须格外发达。侧根的数量可以控制为 5~6 条，且不允许有病虫害出现。只有健壮优质的树苗，才能为山楂的后续种植与生长奠定良好基础。

3. 科学定植

将树苗中干枯、萎蔫的树叶、枝条掐断，然后将其放入水中浸泡 3~4h。取出后，放在坑穴正上方，将根系抖散后缓慢的放入坑内，并将剩余的深坑土填入其中，最后浇水、覆土、踏实。通常每年 10 月 10 日至 11 月 20 日是一年当中最佳的定植时间。

三、田间管理

深翻熟化，改良土壤：翻耕园地或深刨树盘内的土壤，是保蓄水分、消灭杂草、疏松土壤、提高土壤通透性能、改善土壤肥力状况、促使根系生长的有效措施。

施肥：条施，即在行间横开沟施肥；全园撒施，即当山楂根系已密布全园时，可将肥料撒在地表，然后翻入土中 20cm 深；穴施，即施液体肥料（人粪尿）时，在树冠下按不同方位，均匀挖 6~12 个、30~40cm 深的穴，倒入肥料，然后埋土。

四、果枝修剪

1. 冬季修剪

防止内膛光秃：由于山楂树外围易分枝，常使外围郁闭，内膛小枝生长弱，枯死枝逐年增多，各级大枝的中下部逐渐裸秃。防止内膛光秃的措施应采用疏、缩、截相结合的原则，进行改造和更新复壮，疏去轮生骨干枝和外围密生大枝及竞争枝、徒长枝、病虫枝，缩剪衰弱的主侧枝，选留适当部位的芽进行小更新，培养健壮枝组，对弱枝重截复壮和在光秃部位芽上刻伤增枝的方法进行改造。

少短截：山楂树进入结果期后，凡生长充实的新梢，其顶芽及其以下的1~4芽，均可分化为花芽，所以在山楂修剪中应少用短截的方法，以保护花芽。

复势：山楂树进入结果期后，多年连续结果，导致枝条下垂，生长势逐渐减弱，骨干枝出现焦梢，产量下降。要及时进行枝条更新，以恢复树势。对于多年连续结果的枝或其他冗长枝、下垂枝、焦梢枝、多年生徒长枝，回缩到后部强壮的分杈处，并利用背上枝带头，以增强生长势，促进产量的提高。

2. 夏季修剪

疏枝：山楂抽生新梢能力较强，一般枝条顶端的2~3个侧芽均能抽生强枝，每年树冠外围分生很多枝条，使树冠郁闭，通风透光不良，应及早疏除位置不当及过旺的发育枝。对花序下部侧芽萌发的枝一律去除，克服各级大枝的中下部裸秃，防止结果部位外移。

拉枝：在7月下旬对生长旺而有空间的枝新梢停止生长后，将枝拉平，缓势促进成花，增加产量。

摘心：5月上中旬，当树冠内心膛枝长到30~40cm时，留20~30cm摘心，促进花芽形成、培养紧凑的结果枝组。

环剥：一般在辅养枝上进行，环剥宽度为被剥枝条粗度

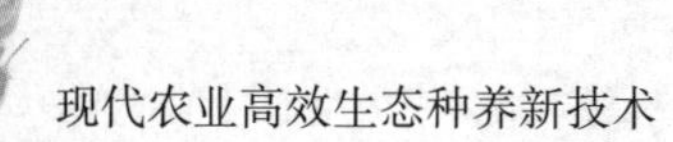

的1/10。

第十一节　石　榴

石榴的栽培主要有露地园林栽培、盆景和盆栽栽培等方式。

一、露地园林栽培

露地园林栽培应选择光照充足、排水良好的地点。可孤植，亦可丛植于草坪一角。

1. 栽植

秋季落叶后至翌年春季萌芽前均可栽植或换盆。地栽应选向阳、背风、略高的地方，土壤要疏松、肥沃、排水良好。盆栽选用腐叶土、园土和河沙混合的培养土，并加入适量腐熟的有机肥。栽植时要带土团，地上部分适当短截修剪，栽后浇透水，放背阴处养护，待发芽成活后移至通风、阳光充足的地方。

2. 光照

光照和温度是影响花芽形成的重要条件。生长期要求全日照，并且光照越充足，花越多越鲜艳。背风、向阳、干燥的环境有利于花芽形成和开花。光照不足时，会只长叶不开花，影响观赏效果。适宜生长温度15~20℃，冬季温度不宜低于−18℃，否则会受到冻害。

3. 水肥

石榴地栽每年须重施一次有机肥料，盆栽1~2年需换盆加肥。在生长季节，还应追肥3~5次，并注意松土除草，经常保持盆土湿润，严防干旱积涝。

4. 修剪

石榴需年年修剪。可整成单干圆头形，或多干丛成型，也

可强修剪整成矮化平头型树冠。在进入结果期时，对徒长枝要进行夏季摘心和秋后短截，避免顶部发生二次枝和三次枝，使其贮存养分，以便形成翌年结果母枝，同时还要及时剪掉根际发生的萌蘖。

5. 越冬

在北方寒冷地区，冬季应入冷室或地窖防寒。

6. 采收

石榴每年开 3 次花，故有 3 次结果，一般以头花果或二花果发育良好。应根据品种特性、果实成熟度及气候状况等分期及时采收。

二、盆景或盆栽

1. 品种及选盆

以观花为主，应选择花大、色泽鲜艳、复瓣品种，如大花石榴等；以观果为主，则可选果形美丽的红色品种，如泰山红石榴等，也可根据个人喜好或需要而定。花盆选择以泥瓦盆为好，因其排水透气好，有利石榴生长，其缺点是不太美观，容易破损，而塑料盆、瓷釉盆等外形美观，花样繁多，但透气排水性较差，可视情况选择。盆的大小要根据苗木的大小来定。

2. 培养土配制

盆栽石榴土壤，要求疏松通气，保肥蓄水，营养丰富。可按园田表土 3 份、腐叶土 3 份、厩肥 2 份、细沙 2 份混匀即可，或者按马粪、园土、细沙各 1/3 的比例混合配成培养土，堆成堆，用塑料薄膜盖严，高温杀菌 15~20d，过筛后装盆。

3. 上盆定植

于春季萌芽前，用瓦片盖住花盆的底漏，然后装土，约装花盆的 2/3，将土堆成丘状。选择根系完整、须根多、树型好的苗木，将根系舒展后放进盆内，继续装土，边装土边将苗轻轻向上提起，以便使根系与土壤密切接触。盆土不可过满，根

茎与土壤表面平，将土压实，浇透水，待水渗下后，用干土覆盖表面保墒，置于半阴处，一般发芽前不要浇水以利升温生根。

4. 制作技术

盆景依其选材和加工方法不同，主要分为树桩盆景和山水盆景两大类。如枣庄峄城石榴盆景则以树桩盆景为主，它以石榴树为主体，有时也用山石等作衬托制作成优雅奇特的石榴盆景，主要观赏石榴树各种造型的姿态以及干、花、果与枝叶等的特色。通过雕刻、绑拉、扭梢、修剪、摘心、抹芽、剥皮、剖伤、弯折等艺术加工和精心培育，长期控制生长发育，造成咫尺山林之势、苍老古朴之态的石榴盆景。

第十二节　杧　果

一、选地建园

1. 园地选择

杧果园要求土层较厚，土质不易板结、不积水，靠近水源，以利春旱时能灌水保丰收。

2. 种植密度

根据气候与土壤肥力及品种不同而异，可以采用的种植规格为4m×4m、4m×5m、5m×6m 3种规格。

3. 定植

每年定植时间6—8月为宜。选择阴天或晴天进行定植，定植时将苗木放入事先准备好的植穴中再回土，种袋苗时必须除去塑料袋方可种植。

二、果园管理

（一）灌水与排水

定植后幼苗在天旱时需淋水保温。每 7~10d 淋水 1 次，保持果园土壤湿润为宜。在开花结果期需定期灌水，以保证开花与果实所需水分。在雨季时若有局部积水，应及时排水。

（二）中耕除草松土

果园每年要求除草 4~6 次，保持根圈除杂草。深秋至冬前应进行浅根圈松土。

（三）覆盖

盖草能保持水分均衡土温，减少杂草滋生，同时，增加土壤有机质，防止板结，有利于根群活动。

（四）结果树施肥

1. 果后肥

主要以有机肥为主，结合深翻改土。每株还应增施速效氮肥 0.5~1kg。

2. 催花肥

开花前 1 个月为花芽分化期。一般以硫铵或尿素 0.5~1kg/株。

3. 谢花肥

在杧果谢花时施 1 次速效氮、钾肥或结合喷药时加入 0.5%~1%的磷酸氢钾或硝酸钾作为根外追肥。

4. 壮果肥

施肥时间为每年的 3—4 月。此次施肥量占全年用量的 60%。N∶P∶K 混合比例为 8∶1∶8。结合灌水，以利于果实膨大所需水分和养分。

三、树体管理

（一）幼树的整形修剪

定植后，当苗木高 80~90cm 时开始整形。幼树的整形修剪步骤为：定主干—培养主枝—培养副主枝—增加辅养枝，为今后结果奠定良好的树体结构，维持树冠的合理性。

（二）结果树的修剪

结果树的修剪是在整形的基础上整理与理顺枝条，创造通风透光良好的树冠，为丰产优质打下基础。修剪一般以短剪和疏删为主。

四、控梢促花

适龄树不开花是杧果不稳产的重要原因，也是生产中较常见的现象。杧果树不开花与偏施氮肥、营养过旺及冬季暖和潮湿的天气有关。为了使适龄杧果树能正常开花、结果，在生产上应利用激素和植物生长调节剂调控、养分调节及一些物理措施来促使树梢停止生长，积累足够的养分，及时转入花芽分化和开花。

第十三节　柑　橘

一、园地选择

园地是种植柑橘的基础，在选择园地时，要充分了解柑橘的生长特性，仔细考察园地周围的环境以及气候，同时综合考虑恶劣天气、地质灾害隐患等因素影响，选择土壤肥沃、酸碱值适宜的园地。由于柑橘对光照要求较高，一般选择东、南或者东南朝向的场地种植柑橘，避免果场朝向西、北等方向，以免西晒伤树或者采光不足影响果树生长。选址尽量避开台风

口，以减轻自然灾害对果园的威胁。地下水位不宜太高，以地下水位 50~100cm 最好，方便果树吸收水分又不会导致沤根。另外，还要调查园地周边是否有污染严重的工厂等。

二、园地规划

在园地规划方面，要充分考虑气温、土壤、种植品种等因素，策划出科学合理的种植方案。在规划过程中，结合品种特性以及种植区域的实际情况，合理划分各个区域的功能；然后再根据功能划分，建设基础设施，如灌溉、电力以及配套的道路设施等。

三、树体修剪

在柑橘栽培过程中，采取适当的修剪方式有利于增强柑橘光合作用，促进柑橘树健壮生长，减少病虫害对柑橘的影响。通常来说，在柑橘树幼年期，要首先确定树体的主枝、副枝数量，然后再根据实际情况进行修剪，保证修剪完成后柑橘树枝干呈现中心向四周发散的形态。不同生长期以及不同季节修剪方法也不同。挂果较少的幼龄结果树夏季修剪，可在 5 月底夏梢开始萌发至 2~4cm 时，结合“三除一，五除二”的原则进行疏芽；当夏梢生长 3cm 时，进行打顶摘心，以促进夏梢老熟强壮；到 8 月中下旬再放 1 次秋梢。挂果多的幼龄结果树夏季修剪，可抹除一些零星的夏梢，在 7 月下旬至 8 月上旬放 1 次秋梢；为了避免冬梢的发生，需要促发一定数量的秋梢，在放秋梢前 15~20d 进行短截促梢修剪。另外，结合树体修剪，柑橘种植人员还要采取相应的保果措施。盛果期柑橘树修剪应全年定期开展，注意平衡树体长势，减少营养消耗，重点提高果实产量及质量、延长盛果期年限。

四、科学绿色施肥

柑橘在采果后需要施肥，可选择腐熟鸡粪作为肥料。为进一步提高施肥质量，还可选择复合肥作为基肥。有条件的可应用微生物肥消除土壤中的有害物质，同时为柑橘树生长提供良好的条件。通常来说，柑橘第一次追肥往往在3—4月，将2 000g尿素溶解于35℃左右的温水中，搅拌均匀，静置2~3d之后，从树冠开始追肥；第二次追肥一般在6—7月，追肥方式与第一次大致相同，也可利用微生物肥料来混合追肥。

第十四节　柚

一、育苗

砧木以本砧为好，其嫁接后生长快，早果，丰产，果实品质优良。播种一般应现采现播种，要搭塑料小拱棚保温，当年出苗，翌年秋季可以芽接。一般在3月上旬至4月上旬进行枝接，接穗长15~25cm的秋梢或春梢；芽接则在8—10月进行，多用“T”字形嵌芽接。

二、建园

1. 整地抽槽

整地后抽槽，抽槽宽度100cm，深60~80cm，分层施入基肥，即底层用垃圾、秸秆、枝叶、草皮等，每亩用量5 000~10 000kg，上层施栏肥、堆肥、饼肥等，每亩用量250kg，分层施肥并分层填土，最后定植，土面应高出槽面20~30cm。

2. 定植

定植密度：柚子长势旺，树冠大，嫁接树6~7年即进入盛果期，因此成片栽植密度不宜过密。20°以上的坡地，亩栽

45 株；10°~20°的亩栽 40 株；10°以下的缓坡地，亩栽 35 株左右。

配置授粉树：柚子具有结实的能力强，但异花授粉能提高着果率，使果实增大，因此在栽植时应配置若干单系混栽。

定植时间：柚子春（3 月）秋（11 月）均可定植，以 3 月上中旬定植较好，定植应选阴天或晴天傍晚进行，雨天或土壤过湿时不宜定植。

三、施肥

1. 幼树施肥

未结果的幼树根系分布浅、吸肥能力弱，应掌握肥水兼顾、薄肥勤施的原则。3—7 月和 11 月，每月施肥 1 次。其中 3 月的春梢肥、5 月的夏梢肥、11 月的冬肥是必不可少的。幼树以有机氮肥为主，如人粪尿、腐熟的栏肥、饼肥，结合适量尿素等化肥。幼树施肥以促进抽春、夏、秋梢，加速形成树冠为主，并注意调节营养生长和生殖生长，增强抗旱防冻能力。

2. 成年树施肥

成年结果树施肥以达到优质、高产、稳产为主，调节好营养生长和生殖生长的关系。一般每年至少施 3 次肥。

催芽肥：3 月初发芽前 10~15d 施，以速效氮肥为主，配适量磷钾肥，促使抽发数量多、质量好的春梢。这次施肥关系到当年和翌年的产量，必须及时、及早施足。施肥量占全年 30%左右，一般株施尿素 0. 50~0. 75kg、过磷酸钙 0. 25kg 左右。

壮果肥：6—8 月果实膨大期施壮果肥，以氮为主，磷钾为辅。施肥量占全年的 30%左右，具体应以当年挂果多少来决定。挂果多，施肥量大，可于 6 月、8 月分两次施，一般株施尿素、复合肥各 0. 5kg 或尿素 0. 75kg，过磷酸钙、氯化钾各 0. 25kg。挂果少可酌情或不施壮果肥，以防猛发秋梢。

采果肥：11 月上旬施，施用量占全年的 40%左右。柚子果实生长消耗大量养分，需及时补充，恢复树势，提高抗寒越冬能力，促进花芽分化，为下年生长、结果打下基础。采果肥应以速效肥和有机肥相结合、氮肥和磷钾肥相结合。一般株施尿素、复合肥各 0.5kg、饼肥 5kg、栏肥垃圾等土杂肥 100kg。此外，还可以结合喷药施以适量尿素、磷酸二氧钾进行根外追肥，及时补充树体对氮、磷、钾的需要。

第十五节　草　莓

一、整地定植

（一）园地选择

通过实践，四季草莓在海拔 1 000m 左右的山区，且地势平坦、土层较深、有机质含量丰富的地块能正常开花结果，同时要注意种植地前茬作物忌马铃薯、茄子、甜菜等。因夏季气温高，多台风暴雨，可选择简易避雨栽培，既通风，又防雨。

（二）起垄

通常采用高畦栽植的栽培方式，垄高 15~20cm，底宽 70~80cm，垄间沟宽 15~20cm，垄顶面宽 60cm（栽 2 行）。地势低的地块要提高畦面的相对高度，沟宽 30cm 左右。对于土壤疏松的地块，整畦后应灌 1 次水或进行适当镇压，使土壤沉实。

（三）定植

四季草莓在 4 月中下旬定植，可采用三角形栽植方式，株行距为 25cm×30cm，定植密度一般为 8 000~9 000株/亩。定植前需摘除部分老叶，只留 2~3 片新叶即可，同时用 5~10mg/kg 的萘乙酸浸根部 2~6h 再定植，以促发新根。起垄栽

植时，草莓新茎弓背朝向要与花序预定生长一致且弓背向外侧，这样能使草莓结果时浆果挂在高畦两边，有利于阳光照射和通风，提高果实品质。草莓栽植深度应使苗心基部与地面平齐，做到“浅不露根，深不埋心”。新栽苗灌水后，对露根或淤心苗要及时进行调整。定植后及时灌透水，前3~4d每天浇1次水，以后视土壤情况安排浇水，保持田间湿润。定植后及时检查其成活率，并进行补苗。

二、肥水管理

（一）施肥

前期为保证植株生长健壮，要施足基肥。由于四季草莓在一年中连续开花结果，养分消耗大，因此在生长季节需多次地下追肥和叶面喷肥。地下追肥的一般每年4~6次，第一次追肥在花芽分化后，促进营养生长，以追施氮肥为主，第二次在开花前施入，在结果期追施3~4次肥，以磷钾肥为主，以促进果实膨大，提高果实品质，最后一次在采收后施入。营养生长期叶面喷肥以氮磷钾平衡型复合肥为主，浓度为0.2%~0.3%，开花结果期可喷0.3%尿素、0.3%~0.5%磷酸二氢钾或0.2%的硫酸钙，果实膨大期喷施高美施400倍液或磷酸二氢钾300倍液，连续喷2~3次，间隔期为10~15d。由于生长过程中植株营养状况不同，对于生长健壮的植株可按上述标准进行施肥，而对于长势相对较弱的植株，要减少施肥剂量及施肥次数，否则会造成肥害或僵苗。施肥选择晴天的早晨或傍晚进行，均匀喷在叶片背面。

（二）水分

浇水原则是“湿而不涝，干而不旱”。新苗定植后，新根尚未大量形成，吸水能力差，加上温度较高，如果浇水不足，容易引起死苗，因此要保证2~3d浇1次水，待缓苗成活后视

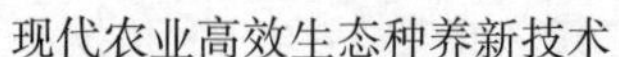

天气情况 7d 左右浇水 1 次。进入花期后，开花坐果需要消耗大量水分，但草莓根系为须根，分布浅，浇水要遵循小水勤浇、保持土壤湿润的原则，一般每天 17 时之后，视土壤干湿状况适当浇水。果实膨大到成熟期，但此阶段正值 7—8 月，温度较高极易缺水，浇水时间为每次采果后的傍晚，要注意适当控干，保持土壤湿润。草莓不耐涝，雨季要注意排水。

三、采收

采收总原则是“及时、无损”。当果实表面着色达到 80%以上时，在 8—11 时采收或是在 16 时以后进行，避开高温。采摘人员需戴手套，采果篮要衬垫软质材料，采摘时掐断果柄，注意不损伤萼片，轻拿轻放。包装宜选择内壁光滑、底部平坦、耐挤压、无污染的包装盒。

第十六节 柿 子

一、园地选择

柿子树最适宜钙质土，也适于中性或微酸性土壤。应选择土壤肥沃疏松、地下水位较低且排水良好、背风向阳地方为宜。

二、苗木选择

选择省级以上部门鉴定的且适宜在本地栽种的、宜于推广的新品种，也可选择在本地栽培历史悠久、生长销售均良好的品种栽植。苗木以 1~2 年生嫁接苗栽培成活率较高。苗木标高 1m 以上，地径 1.2cm 以上，主根长度 20cm 以上，侧根 15 条以上，且接口良好、充实、健壮、无病虫害。

三、苗木定植

栽前挖大坑、客土、施足底肥，为根系发育创造有利条件。栽植密度宜4m×5m，挖坑高、宽、深为1m×0.8m×0.6m。栽植宜春季柿子苗开始发芽时栽培为主，以免受冻害，栽培要做到起、运、栽三快。

四、土肥水管理

柿子树是深根性树种，应扩穴改土增施肥料才能树势旺壮。柿子树在酸性土壤中易发生根腐病，当pH值过低时应加以改良。投产柿子树在冬季要扩穴改土，回填表土时，株施猪牛粪肥50kg或钙镁磷肥1～1.5kg，与表土混匀后填入下层。高产树，每亩应施足纯氮6.5kg、纯磷2.5kg、纯钾0.6kg，施肥浓度不宜过高，可分多次施用。浇水一般浇萌芽水、花前水、膨大水及越冬水，保持土壤湿润。

五、整形修剪

（一）幼龄树的修剪

选合适枝3～4个做骨干枝头，一般不短截，并疏除附近同向的弱枝和旺枝。现在一般采用多主枝自然开心形。整形时，暂时保留中心干，每年剪去1/3～1/2，保持开心状态，一旦树冠形成，即剪除中心干。

（二）盛果期树的修剪

调整骨干枝的角度，平衡内外生长势力。对过多的大枝应分年疏除，促进内膛枝生长，培养结果小枝组，扶持大枝向外斜上方生长，逐渐代替原枝头，抬高主枝角度。

疏缩结合，培养内膛枝。回缩过高、过壮枝组，防止结果部位外移，促使后部发生更新枝，并去弱留壮。结果枝一般不

短截，剪去密生枝、徒长枝、交叉枝、病枯枝，使枝条分布合理。

多留预备枝。每年把结果的枝条或1/3的结果母枝加以短剪作为预备枝，使其隔一年结果，延长结果年限。

(三) 衰老树的修剪

因柿子树的隐芽寿命长且萌发力强，可利用该特点，进行多次更新，保持树势经久不衰，延长结果年限。

第十七节　茶　叶

一、茶叶种类选择

选择茶叶类型的时候，要求种植人员选择可满足当地土壤性质、气候条件要求的品种。通常来讲，种植人员应该选择具有抗外界干扰和抗逆性强的茶叶品种，但还需根据具体情况选择茶叶的品种。茶苗选择时需满足茶苗达到一定高度、茶苗径粗满足种植需求的品种，同时选择活性好的茶叶，进而切实提高茶苗成活的概率，满足市场方面对于茶叶的需求。

二、茶园植被培养

和普通茶园进行比较，无公害茶园的要求非常高，种植期间要求种植人员在茶园的四周、土埂位置种植花生、百喜草等，原因是上述植物生长的营养需求较低，对于茶苗生长的影响非常小，利于茶苗的良好成长。同时植被种植能避免发生茶园水土流失的问题，有助于改善茶园生态环境，防止对茶苗生长造成威胁。要求种植人员施行植被种植的过程，合理设置植物间的距离，为茶苗添加天然有机肥料，从而为植被良好生长奠定坚实的基础。

三、茶树修剪

轻度修剪。根据具体状况修剪，重点做好树冠树枝修剪工作。

深度修剪。深度修剪，即为树冠内残枝、多余树枝的修剪，主要目的是提高茶树通风性。如此一来，可获得良好的修剪效果，加速茶树的生长，并提高茶树种植的质量。

四、施肥

为提高茶叶质量和产量，除了采取茶园种绿肥、覆盖保湿，每次采后施足农家肥，以及提高制茶工艺等措施以外，还要巧用叶面肥，一般可增产20%~30%。其施肥技术如下。

1. 肥料配比

以氮、磷、钾为主，微肥为辅，比例为4∶1∶1，冲施肥根据茶树缺什么补什么的原则进行配比。

2. 施肥时间

在春、夏、秋各轮茶叶萌发新梢长出一芽一叶初展时，选择无风晴天清晨、傍晚或阴天喷施，每周一次连喷叶面肥2~3次，喷至叶面滴水为止。

3. 多物结合

可与治虫、喷灌及植物调节剂结合，既省劳力，作业也容易实现机械化。肥料与农药化学性质要相匹配。酸性化肥要配酸性农药，碱性化肥要配碱性农药，才不会产生化学反应、沉淀，以防相互抵消肥效和药效。

4. 施肥浓度

施肥浓度与肥料品种、天气条件因素有关。据试验，尿素为0.5%、过磷酸钙1%、硫酸钾0.5%、硫酸锌50~100mg/mL、钼酸铁20~50mg/mL。如浓度过大易产生肥害，浓度过小起不到效果。

第四章　中药材高效生态种植技术

第一节　黄　芪

一、选地整地

黄芪种植首先要选择排水性好且深厚的土壤，在播种前要对土地进行整改，其次要对土地进行施肥，增加肥沃度，一般都是施浓肥和磷肥，保证轮作后土地的营养度和肥沃度。

二、种子处理

黄芪种子要经过处理才能播种，首先要将种子放在 50℃的温水中搅动，浸泡 24h，然后再盖上一块湿抹布，等到裂嘴出芽后播种。

三、播种

黄芪可在春、夏、秋三季播种。北方地区，春播一般在3—4 月地温稳定在 5 ~ 8℃时播种。播后及时补墒，保持土壤湿润，15d 左右即可出苗；夏播在 6—7 月雨季到来时播种，5 ~ 7d 即可出苗，但强光直射，幼苗长势弱。秋播一般在 9 月下旬至 10 月上中旬上冻前，地温降到 0 ~ 5℃时再播种，适当晚播，能保证种子以休眠状态越冬。播种过早，种子萌动，抗寒力下降，应适当增加播量。播种深度 2 ~ 3cm 为宜，播种过深，会造成出苗困难，缺苗断条。直播多采用春播或夏播，育

苗移栽以春播和秋播为宜。

四、栽培管理

1. 中耕除草和追肥

当年苗出齐后即可松土除草，一般进行 2~3 次。当苗高 7~10cm 时进行疏苗，按 15~20cm 株距定苗。以后每年于生长期视土壤板结和杂草长势，进行松土除草。播种 1~2 年生黄芪生长旺盛，根部发育较快，可结合中耕除草，适当追施磷钾肥料。

2. 灌溉与排水

出苗和返青期需水分较多，如遇干旱，应及时进行灌水。雨季土壤湿度大，易积水地块应及时疏沟排水，以防烂根。

第二节　党　参

一、选种

党参的育苗种子一定要选择当年所采摘的新种子，将种子中的杂质及秕粒清除干净，这样才能保证苗齐苗壮。为了更好的提高种子的发芽率，可以将种子提前进行催芽处理：把种子装入纱布袋中，放置在温度为 40~45℃的温水当中，不断对其进行搅拌，浸泡 12h 以后，将种子捞出，然后进行过滤，同时，要用清水冲洗 4~5 次，最后，用纱布将其盖好进行催芽，待 5~6d 以后，种子萌动时开始播种。

二、选地整地

由于党参的幼苗怕阳光直晒，因此，育苗地块可以选择土质疏松、地势平坦的背阴地块。肥料以有机肥为主，化学肥料为辅。施肥方法有两种：撒施和条施。撒施是指将肥料均匀的

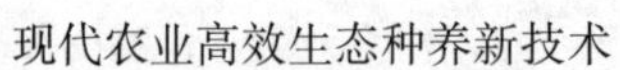

洒在地面上，浅耙 1~2 次，使肥料与表层土壤完全混合；条施则是指开沟施肥，所施肥料一定要是完全腐熟的农家肥 30 000~45 000kg/hm^2、尿素及二胺 225kg/hm^2，同时，使用质量分数为 50%的辛硫磷乳剂 3.75kg/hm^2 同土壤进行搅拌，这样可以有效防治地下虫害。

三、播种

播种分为春播和秋播，春播在每年 4 月进行播种，而秋播则是在每年 9 月开始播种。在进行播种之前，要先将种子放置在 40~45℃的温水中进行催芽，当多数种子都已经裂开口露白时开始播种。在播种时，把已经整理好的畦面按照沟深约 3cm、行距 18~20cm 的规格开浅沟，将已经催芽成功的种子均匀的撒入沟内，上面覆盖 1cm 厚的薄土，并且对其盖草保湿、保温。等到种子出苗后，要将上面的盖草揭去，同时对出苗种子追施 1 次粪水。

四、中耕除草

出苗后及时松土除草，做到有草就除。封垄后要随时拔除大草。

五、追肥浇水

当苗高 30cm 前，每亩要追施 1 000~1 500kg 人粪尿或尿素 10kg。移栽后及时浇水，成活后可少浇或不浇，以防参苗徒长。

六、搭架

当苗高 30cm 时，用竹竿或树枝搭架，使茎蔓攀架生长。

七、留种

党参移栽当年即可结籽，但以翌年留种质量好。一般在9—10月果实由绿变为黄白色、种子变为黄褐色时，将地上茎割下并晒干脱粒，去杂后放通风处贮藏，每亩可产籽10～15kg。新鲜种子发芽率达85%以上，隔年陈种子发芽率低或丧失发芽力，不宜作种。

第三节　天　麻

一、种麻选择

用采集到的野生天麻茎块做种麻，或利用有性繁殖技术进行杂交培育的仔麻做种麻。要求种麻外观黄色，无伤痕，无黑斑，呈锥形，个头均匀。栽植多年的退化天麻不能用来做种麻。

二、菌材选择和培育

菌材要选择粗细适度（直径5～8cm）的硬杂木，菌索发育均匀，外皮无松动脱壳，皮下菌丝致密，无杂菌感染。

三、场地选择

要选择5°～15°的阴坡、半阴坡、半阳坡栽培天麻。山地要有一定的森林覆盖，郁闭度在70%以上，土壤以沙壤土、腐殖土为好，忌种黏土。田园土不要过多施入，土壤要具备较好的通透性，无积水，要有高秆作物遮光。

四、栽培方法

早春地温达10℃时即可栽种天麻，一般为4月中下旬。

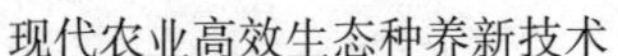

顺山挖深25~30cm、宽1.0m、长10m以下的池槽，也可挖深25~30cm、长宽各1.0m的窝槽。用菌材加新材交替摆放法栽植，即一根菌材、一根新材平摆池内，然后覆土回填到菌材似露非露时，再将种麻沿着菌材两侧，以8~10cm的株距摆放，覆土20~30cm，并盖上枯枝、落叶或乱草，以利于控温保湿。

五、收获、加工和贮藏

11月初，地温低于10℃时，天麻已经停止生长，可以进行起挖收获。

选出的商品麻要进行加工。先将麻洗净，待水开时上锅蒸15~25min（时间长短依麻大小而定）后进行烘干。前期烘干温度为60~70℃，维持3~4h，后期降到50℃，注意通风排潮，至干透为止。

要将种麻贮藏在不住人的空屋内，屋内用砖砌一池床，池内放一层种麻一层河沙，以种麻互不相碰为度。河沙要求无污染，湿度在20%以下，温度控制在0~5℃。

第四节　丹　参

一、选址与整地

选择向阳、土质深厚、排水性好的地区作为种植区域，尽量选择沙质土壤。若土壤黏度过大，会影响排水，进而影响根系呼吸，导致烂根现象发生。前作秋季收获之后，对田间进行深耕，翌年春季种植前，作宽1.2m、高20cm的田畦，畦沟宽为25cm，整地时每亩施加1 500~2 000kg的肥料作为基肥。若想要实现高产，应当选择1~2年未被污染的区域作为种植地，检测土壤内的酸碱度与渗透力，为药材丹参的生长奠定基础。

二、繁殖方式

（一）分根繁殖

一般四川地区选择分根种植方式，种用丹参留在地里，栽种时随栽随挖。选择直径在0.3cm、根身粗壮、色泽鲜红的丹参侧根作为种子，于2—3月栽种，或在10月收获时选种栽植，行距为45cm，株距为30cm，穴深为4cm，施加猪粪猪尿作为基肥，每亩施加1 500~2 000kg。栽种时根条长度为4~6cm，做好防冻措施，盖上稻草保暖。

（二）扦插繁殖

这类种植一般应用在华北、江浙地区。华北地区为6—7月种植，江浙地区为4—5月种植，取丹参上方的茎叶，剪成5~10cm的小段，将下部枝叶全部剪除，上部枝叶剪除1/2，随剪随插。按照20cm行距、10cm株距进行插种，插条埋在土壤下6cm。扦插后需要立即浇水，并依据天气情况，及时遮阴。待植株生长到3cm后，移植到田间种植。

（三）育苗繁殖

北方地区一般3月进行条播育苗，在种子上方覆盖0.3cm的土，播种后浇水，加盖塑料薄膜，保证土壤湿润，一般15d内会出苗。江浙地区6月种子成熟，采收后立即播种，覆土，浇水后盖草，保持土壤湿度，10月种植到大田内。

（四）直播繁殖

华北地区4月播种，选择穴播或条播的方式。若穴播每穴种子控制在5~10粒，每亩条播0.5kg种子，沟深1cm，种子上方覆土0.6~1.0cm。

三、田间管理

中耕除草。一般前后开展3次除草，第一次为苗高6cm

时，第二次为 6 月，第三次为 7—8 月。之后不再进行中耕除草，不可使用除草剂。

四、施肥管理

丹参种植一年至少需要施肥 3 次，其施肥时间主要包括：定植后施加肥料，加速植株生长，从源头提升产量；丹参苗生长到 20cm 后，也就是每年的 4—5 月，施加肥料可为花期提供养分；丹参开花期间（7 月）还需要施加肥料，为后期结果提供养分。

丹参施肥最好选择有机肥或农家肥，在促进生长的同时，还可提升丹参的药性。一般不建议使用化肥，化肥会影响丹参质量，进而影响其使用效果。

五、除草摘花

丹参本身的长势较慢，在种植阶段需要定期松土、除草，增强田间土壤的通透性，促进丹参生长，提升植株的抗病菌能力。花期需要将部分花朵摘除，减少养分消耗，以此提升产量。

六、采收及加工

丹参的药用价值与采收季节有密切关系，一般在种植当年 11 月上旬立冬后采收。若丹参作为种子育苗，则在翌年秋天地上部分枯萎之后进行采收。

第五节 薄 荷

一、种植技术

1. 选地整地

薄荷为温带植物，适宜种在气候温和、土地肥沃、排水良好的沙质土壤里，立秋前整地，先深翻土地，深度20~26cm，将泥块耙碎打细，做成140~200cm宽的畦，畦开直沟，切根种的沟距17cm，沟幅7~10cm，深1cm；整条种的沟幅27cm，两行排列，行距13cm。

2. 选种采种

药用薄荷选用绿茎圆叶种，油薄荷选用以紫茎紫脉种含油量及含脑量最高。薄荷繁殖有种苗分栽和地下茎分栽两种方法。地下茎分栽是在霜降后二刀薄荷收割时将地下根从土中翻出，拣肥大、节短、外部坚硬、色黄白新根，切成7~10cm长，埋在泥土内，即能发芽。种苗分栽是摘取长株上伸长的新芽，扦插土中进行繁殖，或将收藏后的残株掘起，培育另一圃地，抽苗后移苗定植。以上两种分栽方法比较，地下茎繁殖力强，生长快，农民习惯用地下茎繁殖。

3. 适时下种

种植时间在霜降至翌年立春前后均可进行，但提早在冬季下种，可促使翌春早抽芽，提高产量。种植方法分切根和整条种两种：切根种的将选好的地下茎撒在沟里，整条种的将种茎两行排入沟底，然后都覆盖一层细土、细沙或磨糠，厚约6.5cm，稍加镇压。种茎每亩需40~50kg，下种时土壤应保持一定湿润，否则种茎内水分被干土吸收，影响抽芽发育。

二、栽培管理

1. 匀苗补苗

苗的适度对产量有很大关系。过密会造成落叶；过稀抗风力弱，成活率降低，影响产量。在 4 月苗高 10~13cm 时进行匀苗，使其保持株距 10~13cm，将匀出的苗补足缺株空隙处，若有多余可另行选地种植。

2. 及时打顶

在立夏前后，视植株生长情况的快慢，提早或推迟打顶，以提高产量。打顶的标准；一是茎秆高 34cm 以上的，剪去梢 10~13cm；二是刚及 34cm 的，割去 7cm 左右；三是不满 34cm 的，可摘去顶尖；四是高 17~20cm 的，不必打顶。

3. 中耕除草

根茎在土中发芽成长后，即可开始中耕除草，然后每隔半月进行 1 次，在每次施追肥以前均须结合进行。中耕宜浅，勿伤其根部，除草在夏、秋两季须进行 4~5 次，多至 7~8 次。第一次收割后，应即除去留在地上的残株及老茎，以免影响嫩茎抽芽发育。薄荷中若发现夹杂油薄荷，应如数除去。

4. 抗旱防涝

薄荷耐旱力强，但如地面过于干燥，亦须浇水 1 次，若水源困难，不浇影响也不大。若排水不良，水停滞于畦沟中，对生长不利，应随时排去，并注意防涝。

5. 增施肥料

在种植时，用堆肥 1 000kg 或河泥 1 000kg、焦泥灰 1 000kg 作为基肥，追肥以氮、钾肥最佳。第一次在惊蛰至春分间施稀释人粪尿 500kg，用以催苗；第二次在谷雨至立夏间打顶后施下；第三次在立秋前后，每亩施入粪尿 1 000~1 500kg，头刀收割后必须及时施稀薄水粪，以利继续抽苗。

三、收获与加工

一般采收 2 次，第一次在大暑前后叶色由绿转黄，油胞明显时进行收割，俗称“头刀”，第二次在霜降时，花完全盛开，叶厚，叶面油深发亮，叶片略呈下垂状态，为采收适时，称为“二刀”。收割应在天晴、早露未干时进行，用镰刀把薄荷茎就地平割，阴雨时会减少油量，不宜采收。将割取的全草，斩去根部，随即摊开，以免郁蒸发热，引起走油。可晒至干燥为度，最后扎成小把，用篾篓装，置通风处，防止潮湿与烈日暴晒，勿使干燥脱叶或霉黑、虫蛀等。

第五章　食用菌高效生态种植技术

第一节　平　菇

一、菇房、养料

1. 菇房

菇房可以选择空出来的房子或者是地下室。菇房要保证有着较高的地势，周围有充足的水源，排灌能力强。菇房的墙壁要厚，提高菇房的保温保湿性。在菇房中设立床架，床架不可靠墙壁，保留 60cm 左右的走道，然后进行消毒，使用甲醛、高锰酸钾等进行熏蒸。

2. 养料

以棉籽壳、石灰等物质配好养料，用水溶解石灰后，淋在棉籽壳上，一边淋一边踩，然后翻拌棉籽壳，保证棉籽壳含水量均匀。

二、适时播种

平菇的播种方法主要以层播为主。首先在菇床上铺放一层塑料膜，然后在塑料膜上铺一层营养料，再在营养料上撒平菇种子，然后在种子上再铺放营养料，以此循环进行，然后将营养料整平压实。在播种前，首先要将菌种取出，放在干净的容器内。手消毒后将菌种掰成龙眼大小的菌块，然后再进行播种。最后全部播种完后，覆盖薄膜，提高保湿能力，避免受到

杂菌的污染，一般在 4—8 月播种。

三、发菌期管理

平菇菌丝在生长发育时，要做好调温保湿工作，避免受到杂菌的污染。在播种后 10d 左右，菇房温度应降低至 15℃以下。在菌种萌发开始扩展生长时，要经常检查营养料的温度，不可过高。如果温度过高，要及时掀开薄膜通风降温。温度适宜后再覆盖薄膜。如果出现杂菌污染，需要在杂菌生长的位置泼洒适量的石灰粉。湿度保持在 65%左右，一般在播种一个月左右后，整个培养料便会长满菌丝。

四、出菇期管理

在菌丝长满之后，每天都要通风 1h 左右，加大温差变化，促使尽快形成子实体。然后根据实际情况做好湿度工作，将湿度提高至 80%左右。对于成熟的菌丝体，很容易形成灰白色的菌蕾堆。这个时候要适当喷雾，保持室内湿度。不可向料面上喷水，否则对菌蕾的生长会造成影响，导致幼菇死亡。其温度保持在 16~17℃，在菌蕾堆形成后，生长速度加快，这个时候要将湿度提高 90%左右，温度在 15℃左右。

第二节　黑木耳

一、段木的培养技术

段木栽培方法主要是将黑木耳适生的阔叶树枝干，截成适宜的木段，将黑木耳菌种接种在木段上，放在适宜的生长环境中培养，其操作规程如下。

（一）耳场选择与清理

耳场是人工栽培木耳的场地，其条件应以满足木耳的生活

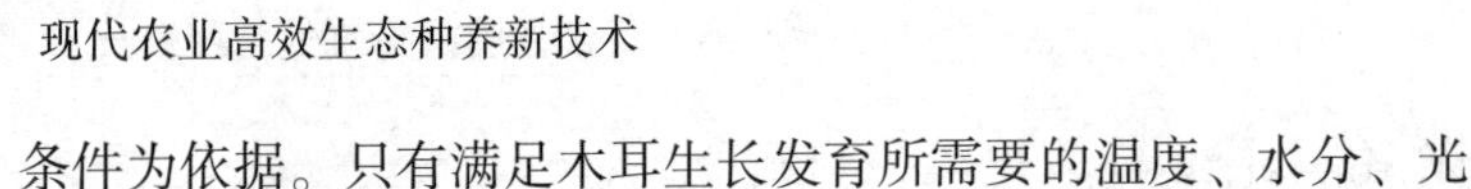

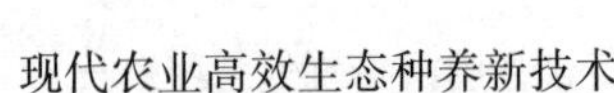

条件为依据。只有满足木耳生长发育所需要的温度、水分、光照条件才能获得丰收。

1. 耳场的选择

耳场要选在耳树资源丰富、温暖、潮湿的地方，位置应坐北朝南，海拔高度以500~1 000m的半高山地区为宜，地面有短草，空气流通和靠近水源的缓坡地，这样的场地比较暖和，云雾多，湿度大，冬暖夏凉，有利于黑木耳的生长发育，管理也省工方便。耳场上方要有树木遮阴。

2. 耳场的清理

耳场选好之后，要割去刺藤杂草，保留地皮草、浅草和苔藓等，既有利于通风透光，又利于耳场保湿，还可以避免泥土污染木耳。郁闭度过大的要剪掉部分树枝，创造合理的透光条件。上方和两边要挖排水沟，以防耳场积水。场地清理结束后撒些石灰和杀虫剂，进行耳场消毒。

（二）段木的准备

1. 耳树的选择

耳树的选择包括树种、树龄与直径和立地条件等内容。

（1）耳树的种类。耳树的种类很多，但不同的树种或同一树种在不同环境中生长，由于质地和养分不同，产耳量也有很大的差距。耳树一般选用树皮厚度适中、不易剥落、边材发达、树木和黑木耳亲和力强的树种为宜。常用的有麻栎、栓皮栎、青冈栎、朴树、枫香、白杨、枫杨、榆树、椴、赤杨、白桦、槭树、刺槐、桑树、山拐枣、洋槐、黄连木、悬铃木等。凡含有松脂、醇醚类杀菌物质的阔叶树如樟科、安息香料等树种不能用来栽培黑木耳。在适宜栽培黑木耳的树材中，木质疏松，通透性能好又容易接收水分和贮藏水分的树种，接种后出耳早、多、长得快。当年秋天便可长较多的子实体，能采收几次。翌年盛产，但第三年就基本无收了，而木质坚硬的树种接种当年产量较少，但产木耳的年限长。

(2) 树龄与树径。壳斗的树木如栓皮栎、麻栎等，砍伐的树龄以8~10年为宜，胸径为10cm最好。生产实践证明，以直径6~10cm的小径木产量最高，经济效益好。树龄过小，虽能早出耳，但由于树皮薄、平滑、保湿和吸水性差，木质中养分少，产量低。反之，树龄过大，皮层厚，心材大，产量也低。

(3) 立地条件。选用生长在阳坡、土质肥厚的山地上的树木为好，因为长在阳坡及土质肥厚的山地上的树木生长速度快，木质疏松，养分多；反之，长在阴坡、土质瘠薄的山地上的树木生长速度慢，木质也较硬，养分也不足。

2. 砍树

段木砍伐时间在冬至到立春之间为好，这段时间树木进入“冬眠”阶段，树中汁液处于凝滞状态，营养丰富，含水量少，皮层与木质之间结合紧密不易脱皮，病虫害少。砍伐时为了使营养集中于树干，伐树时尽可能使树梢倒向上坡。为了使树干内水分加速蒸发，砍后保留枝叶一段时间再剃枝，一般保留10~15d。大树，含水率高的树种留枝时间宜长一点，反之则短一些。剃枝时要适当留一点凸出的杈子，也不要留得太长。剃枝时，粗一点的枝干仍可作耳木用。

二、段木的人工接种

人工接种就是把培养好的菌种移接到段木上的一道工序，它是人工栽培黑木耳的重要环节，也是新法栽培的特点。接种程序如下。

(一) 接种季节

根据黑木耳菌丝生长对气温的要求，当自然温度稳定在5℃以上时即可进行接种。在此期间，杂菌处于不活跃状态，而黑木耳菌丝又能生长，既减少污染，又保证了充足的营养生长期，一般都把接种季节安排在“惊蛰”期间为宜，故此，

老区有“进九砍树，惊蛰点菌”之说，近年来有的单位把接种时间提前到2月，效果也很好，且更有利于劳动力安排。即便遇上低温菌丝也不会冻死，气温回升后，菌丝又继续生长。

（二）接种密度

接种密度一般掌握在穴距10~12cm，行距6cm，穴的直径1.2cm，穴深打入木质部1.5cm，“品”字形排列。

（三）接种方法

黑木耳菌种分木屑种和木塞种。木屑种制种容易，接种麻烦，而木塞种制种麻烦，接种容易。

1. 木屑种

先用1.3cm冲头的打孔锤，皮带冲或电钻按接种密度和深度要求打孔，然后将木屑种接入一小块，以八分满为度，然后将用1.4cm皮带冲打下的树皮盖或木塞盖在接种穴上，用小锤轻轻敲平。

2. 木塞种

木塞种是事先将木塞和木屑培养基按比例装瓶制成菌种。接种时不必另外准备木塞或树皮盖。接种时先将木屑种接入少许进种植孔，然后敲进一粒木塞种即可。

三、黑木耳的发菌技术

黑木耳接种后，为了使其尽快定植，使菌丝迅速在耳木中蔓延生长，应采取上堆发菌。其方法如下。

在栽培场内选择向阳、背风、干燥而又易于浇水的地方打扫干净，搞好场地消毒。

铺上横木或石块砖头，把接好的耳木按树径粗细分类堆成“井”字形。堆高1m左右，耳木之间留有一定间隙，便于通气。上堆初期气温较低，空隙可留小一点，堆的高度可高一点。后期随着气温上升，结合翻堆应增加间隙，降低堆高，堆

面上盖薄膜或草帘保温保湿。

为了使菌丝生长均匀，发菌期间每隔7~10d要翻一次堆，使耳木上下、内外对调。第一次翻堆因耳木含水量较高，一般不必浇水，第二次酌情浇少量水。以后翻堆都要浇水，且每根耳木都应均匀浇湿。若遇小雨还可打开覆盖物让其淋雨，更有利于菌丝的生长。发菌期间应注意温、湿、气的调节工作以满足菌丝生长条件，提高菌丝成活率。上堆发菌20~30d，应抽样检查菌丝成活率，方法是用小刀挑开接种盖，如果接种孔里菌种表面生有白色菌膜，而且长入周围木质上，白色菌丝已定植，表明发菌正常，否则就应补种。

四、黑木耳的散堆排场

接种的耳木经过4~6周的上堆定植阶段，菌丝开始向纵向深伸展，极个别的接种穴处可看到有小子实体，这时应散堆排场，为菌丝进一步向纵深伸展创造一个良好的环境，促使菌丝发育成子实体。

排场的方法是先在湿润的耳场横放一根小木杆，然后将耳木大头着地，小头枕在木杆上，耳木之间隔3.33~6.67cm间隙，便于耳木接受地面潮气，促进耳芽生长；又不会使耳木贴地过湿闷坏菌丝和树皮，且可使耳木均匀地接收阳光、雨露和新鲜空气。

排场后要进行管理，主要是调控水分。菌丝在耳木中迅速蔓延，这时需要的湿度比定植时期大，加上气温升高，水分蒸发快，需要进行喷水。开始2~3d喷一次水，以后根据天气情况逐渐增加次数和每次喷水量。排场期间需要翻棒，即每隔7~10d把原来枕在木杆上的一头与放在地面一头对换；把贴地一面与朝天的一面对翻，使耳木接触阳光和吸收水分均匀。

五、黑木耳的起架管理

排场后一个月左右，耳木已进入“结实”采收阶段。当耳木上大约占半数的种植孔产生耳芽时便应起架。方法是将一根木杆作横梁，两头用支架将横木架高 30～50cm。耳场干燥宜架低一点，反之则架高一点。然后将耳木两面交错斜靠在横木上，形成“人”字形耳架。为了方便计算和管理，一般每架放 50 根耳木。

起架后，子实体进入迅速长大和成熟阶段，水分管理十分重要。耳场空气相对湿度要求在 85%～95%，喷水的时间、次数和水量应根据气候条件灵活掌握。晴天多喷，阴天少喷，雨天不喷；细小的耳木多喷，粗大的耳木少喷；树皮光滑的多喷，树皮粗糙的少喷；向阳干燥的多喷，阴暗潮湿的少喷。喷水时间以早晚为好，每天喷 1～2 次。中午高温时不宜喷水。在黑木耳生长发育过程中若能有“三晴两雨”的好天气，对菌丝生长和子实体发育都极为有利。每次采耳之后，应停止喷水 3～5d，降低耳木含水量，增加通气性，使菌丝复壮，积累营养。然后再喷水，促使发出下一茬耳芽。

第三节　金针菇

一、栽培的主要设备设施

（一）菌种培养架和栽培架

金针菇菌丝繁殖使用的培养架与其他菌种架相同，只要能放置菌种瓶、栽培袋就可以了。子实体生长时的栽培架要略高些，一般可建长 2m、宽 1m、高 2.1m，分 5～6 层，每层高 45cm。制架的材料最好用钢材做支架，也可用竹片、木条，但用竹木材料制的架要漆上白油漆。经过油漆的栽培架，不仅

杂菌少，而且使用寿命较长。也可以建造栽培床来栽培，栽培床宽 120~130cm，高 45cm 左右，5~6 层，长度视栽培室的长度来定。

（二）培养室

根据金针菇不同生育阶段对温度、湿度等要求不同的特点，要建造两种培养室，一种是菌丝生长的培养室，另一种是子实体生长的培养室，又称栽培室。有条件的地方把子实体的培养室分为催蕾和生长室。

1. 菌丝培养室

要求能提供适合金针菇菌丝生长的条件。即温度要保持在 20~23℃，相对湿度 70%，如果是进行专业化生产，建造培养室时以夹墙为好，在夹墙内填谷壳、木屑或泡沫塑料板等隔热材料。

2. 催蕾室

要求具备温度在 13~14℃、湿度 80%~90%、黑暗等条件。为满足这一要求，要有空调设备和增湿设备，并设吸气和排气孔。吸气孔设在墙脚处，每隔 1m 设一个，而排气孔设于墙的上方，每隔 2m 设一个。

3. 栽培室

也有把生长室再分抑制室和生长室的。栽培室要具备使金针菇生长整齐、结实、圆而整束的温度条件，使金针菇子实体处在 10℃的条件下生长，进行周年生产的栽培室均要用空调设备来调节温度。

二、培养料配制

以金针菇生长所需营养为基础，使用复合培养基配方如下。

配方一：木屑 40%、麦草粉 28%、麸皮 20%、石膏 1%、糖 1%。

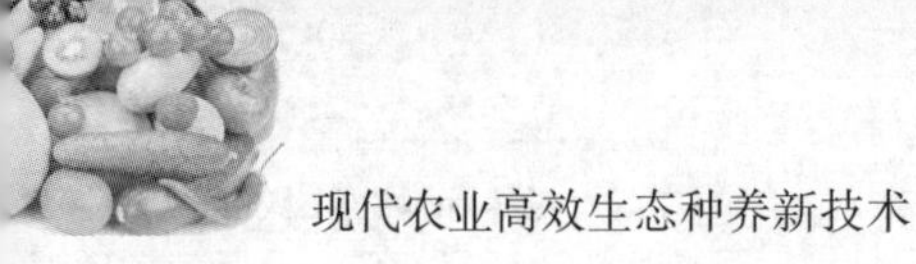

配方二：野草粉 28%、木屑 40%、麸皮 20%、石膏 1%、糖 1%。

三、菌丝生长期的管理

金针菇袋栽的菌丝生长期管理，是指从接种到出菇前的管理。这一阶段管理的主要任务是尽可能创造最适金针菇菌丝生长的温度。菌袋接种后应及时搬到菌丝培养室培养，菌丝培养室须保持清洁、干燥，相对湿度在 70%左右。培养室的相对湿度过低时，空气干燥，培养料水分易蒸发；当培养室内相对湿度高于 70%时，易引起杂菌污染。培养室的温度控制在 20~23℃。经过 3~4 周的培养，菌丝体就可长满培养料。

四、出菇期的管理

出菇期的管理可分为催蕾管理和出菇管理。

（一）催蕾

当菌丝长满菌袋时，应搬到催蕾室进行催蕾管理。催蕾管理有两种做法。一种是拔去棉塞和套环，把塑料薄膜袋上端拉直，呈圆筒状，在塑料袋口盖上干净的报纸，每天在报纸上喷水保湿，或覆盖农用地膜；另一种做法是菌袋拔去棉塞和套环后把塑料袋上端拉直，再向一侧折叠，使塑料袋上端折成楔形。此法利用倒折的塑料袋保湿，不必加报纸和喷水，只需加大催蕾室空间的湿度就行，为了促进菇蕾生长整齐，有条件的可在现蕾后把温度降到 4~5℃，并经常通风，经低温处理 10d 左右就能形成大量整齐的菇蕾。

（二）出菇管理

当菇蕾大量整齐发生后，即转入出菇管理。用菌袋倒折法保湿催蕾的要把塑料袋拉直，上盖干净报纸或地膜。出菇阶段温度从催蕾时的 4~5℃ 上升到 12~16℃，但要注意不高于

18℃。如果温度高于 18℃，则菇柄细并呈黄褐色，商品价值降低，没有空调设备的，在低温时要注意保温，把门窗关紧；气温较高时打开门窗，以降低室温。出菇时栽培室的空气相对湿度以 90%~95%为宜。

五、采收

金针菇要注意适时采收。菌柄未充分伸长时就采收，产量低；在菌盖完全展开或已往上反卷时采收，产量虽然较高，但外形差，影响商品价值。供制罐的应在菌盖开始展开采收。鲜售的可在菌盖六七分展开时采收。采收后要把培养基表层老化菌丝刮弃，把料整平，重新折叠袋口，让菌丝恢复生长。

第四节　香　菇

一、菇场设置

香菇的菇场首先要设立在背风、光照充足、自然资源丰富且水源充足的地方，其次，按照 70%的荫蔽度做好菇场的清理工作，便于后期管理，提高场地的通透性。在接种前要清除场地内的落叶枯枝及周围的腐烂物，避免杂菌害虫过多影响香菇的生长。再次要做好整地工作，控制好密度，设立管理通道。如果周围树木不足，荫蔽度低的话则要搭建好遮阴棚。最后在地面要泼洒一层石灰，防止害虫杂菌入侵。

二、菇树准备

可以用于种植香菇的树种有非常多，一般以壳斗科的树为主。菇树不可含有芳香油物质，防止影响香菇的生长。树皮不可过薄过厚，保证紧贴树干，可便于种植过程中的温湿度调控，降低杂菌入侵概率。要保证心材少，促进香菇菌丝的分

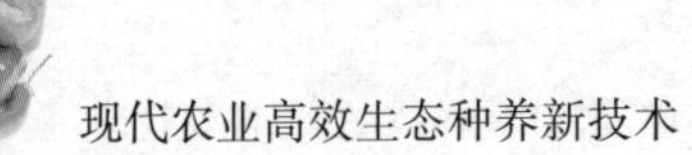

解。菇树的直径保持在15cm左右，树龄也要在10年以上。如果树龄小的话，香菇出菇时间会提前，且香菇肉薄，菇树容易腐烂变质，对产量会造成很大影响。

三、适时接种

香菇在接种的时候，其温度要控制在10~15℃，通常在南方地区3月左右进行最好。首先在菇树上要控制好行间距，打好接种穴。相邻的接种穴要控制在距离6cm左右，提高防杂菌能力。接种穴的直径及深度控制在15mm左右。打好接种穴之后，要及时接种，防止接种穴水分流失、杂菌入侵。一般以随打随接为原则。接种后要及时用蜡封好接种穴口，或者是盖上与接种穴大小一致的木块，将其敲紧敲平。提高密封性，减少水分蒸发，促进香菇的生长。

四、种植管理

为了保证香菇的生长，恢复菌丝的长势，要做好保温保湿工作。如果发现菇树树皮翘起，则要加强遮光工作，适当浇水提高保湿能力，将空气湿度控制在65%左右，温度在20℃左右，并且由于层数的原因，每层的菇树温湿度都不同，所以每隔半个月左右要翻堆1次，根据周围环境及天气等合理改变形式，促进菌丝的生长。

第六章　畜禽高效生态养殖技术

第一节　猪

一、生喂与熟喂

在农村，许多养猪户有给猪饲喂熟食的习惯，认为熟食可以缩小饲料体积，软化粗纤维，提高消化率。据试验，饲料的类型不同，生喂与熟喂有所区别。粗料类型日粮熟喂比生喂好。其干物质和碳水化合物的消化率也是熟料组高，蛋白质和粗纤维的消化率生料组和熟料组无显著差别。青、精料类型日粮，一般应以生喂为主。青绿饲料煮熟后，大部分蛋白质和维生素遭到破坏，煮熟后的精料一般要损失10%~15%的营养成分。生精料饲喂肉猪，平均日增重比熟料喂猪提高10%左右，每增1kg毛重可节省精料0.2~0.3kg。干物质消化率生喂与熟喂无差别，但蛋白质的消化率生喂比熟喂高。此外，生料喂猪还可以节省许多人工和燃料。但有些有毒或易污染饲料，如豆料籽实中的大豆、豆饼等饲料中含有一种抗胰蛋白酶，阻碍猪体内胰蛋白酶对豆类蛋白质的分解，因此不宜生喂，需高温处理后再喂。

二、稀喂与稠喂

稀喂因含水量多，导致消化液分泌减少，加速胃排空，使饲料在胃内停留的时间缩短，势必降低饲料的消化率。稠喂特

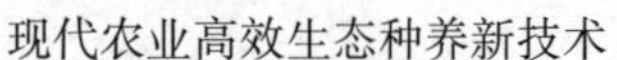

别是生干喂和生湿喂，能加强猪的咀嚼机能，促进消化液分泌，延长饲料在胃内停留的时间和提高营养成分的消化率，因此提倡稠喂。干饲料拌水或干饲料拌青饲料浆水的干湿程度以捏得拢、散得开为宜。

三、多餐与少餐

必须根据猪的类别、年龄、季节和饲料性质来决定餐数，不能一概而论。哺乳仔猪胃容积小，消化力弱，从 7 日龄开始主要是诱食，可不限餐数；20 日龄起至断乳，每天可喂 6 顿以上；刚断乳的小猪消化机能正处于日趋增强的阶段，每天可喂 4~5 顿；带仔母猪和妊娠后期的母猪，需要养分多，每天可喂 4 顿；架子猪、大肉猪、空怀母猪、公猪日喂 2 顿即可。夏气天气炎热，昼长夜短，猪的活动时间也长，可酌情加喂 1~2 顿稀食，以防饿补水。冬季寒冷，昼短夜长，则早晨第一顿要早喂，晚上一顿要迟喂，以适当拉开 2 顿的间隔时间，而且晚上一顿还要稠喂，以防饿御寒。

四、定时喂食

喂猪决不可以今天迟喂，明天早喂，每天应该固定饲喂的时间。这样会使猪养成习惯，一到时间就想去吃食，并有规律地分泌消化液，吃食特别香，也容易消化，不易发生肠胃病。如果喂食时间不固定，打乱了猪的生活规律，就容易引起消化机能紊乱，导致猪患胃肠病，时间一长，猪就会消瘦，生长发育迟缓。

五、定量喂食

喂猪时饥一顿，饱一顿，会使猪消化不良，增重缓慢。所以，当摸清猪大致的采食量后，应确定喂量。但同一群甚至同一头猪的食量大小，往往因气候条件、饲料适口性、饲喂技术

等而有差异。饲喂者掌握了猪的食量后，还要根据猪体的营养状况、饲料情况和食欲情况，灵活掌握饲料的喂量。一般以饲喂后槽内不剩食、猪不舔槽为宜。如槽内有剩食，下次少喂；如果不够吃，下次多喂。猪的食欲规律一般是傍晚最旺，早晨次之，午间最差，一天的喂量应大体根据这个规律来分配，使猪始终保持旺盛的食欲。

六、定质喂食

猪的饲料最好选择正规饲料厂，根据不同类型不同生长发育阶段猪的饲养标准配制的配合饲料。如果农家自配，也应根据猪饲养标准，大体确定混合料的消化能水平和蛋白质水平，每次配料的品种和配比不宜变化太大。

七、定温喂食

猪吃食时，饲料的温度对猪的健康和增重也有较大关系。春、夏、秋季一般以常温饲喂，冬季应酌情用热水调制饲料和喂温水。健康猪吃食时有抢食的习惯，所以给猪喂食时，不能喂很热的烫食，否则容易烫伤猪的口黏膜甚至食道。长期喂烫食，还会引起脱毛症，使猪发育受阻。

第二节　牛

一、选择品种

如果牛品种选择不当，会导致牛养殖达不到理想的质量效果，所以合理选择牛的品种是牛养殖的关键。在选种时，应当优先选择品种较好的肥牛，一般选择体型体重较大、成长较快的杂交牛。如果想要提高牛肉的质量，应当优先选择体型较大的纯种牛。选择育龄时期的仔牛时，仔牛一般的体重都与其年

龄相关，如果仔牛的体型较小，不符合其年龄阶段的体型，仔牛可能患病或营养不良。在选择牛性别时，一般情况而言，公牛的肉质紧绷且嫩，食用起来口感最佳，相对而言，母牛没有公牛那般好动，所以肉质相较松弛。最后，在选择牛品种进行养殖时，要综合考虑养殖场的实际情况和仔牛的状况，进行合理分析，从而促进养殖场的经济效益和所产牛肉的质量。

二、配料

配料技术是直接影响牛养殖业经济效益的因素之一，如果配料配置不合理，牛就无法正常生长，从而影响牛的质量。在配料搭配的过程当中，既要选择价格低廉的饲料，又要保证饲料的口感较好，而且必须结合牛身体的营养需求情况，保证饲料营养充足，从而达到有效的养殖效果。在进行配料时，必须按照标准以及安全注意事项进行合理搭配，必要时可以采用不同的饲料配置方案进行饲喂。

三、饲养

在牛养殖期间，合理的饲养方式可以使牛健康成长，从而给养殖场带来经济效益。对于牛饲养技术方面，有以下几个建议。第一，在饲喂时，要保证牛能够吃饱，以平衡其成长。并且应当设置 24h 不间断供水，所供水源应当无杂质。第二，如果牛长期处于一种环境下，不按时通风会导致病菌的滋生，所以牛圈内要按时通风并清洁消毒。第三，应当给牛适当的增膘，在牛的饲料或者饮用水中加入合理的营养素，使牛保持健康和增长体重。

四、育肥

利用牛早期生长发育快的特点，在犊牛 5~6 月龄断奶后直接提供高水平营养，进行强度育肥，13~24 月龄体重达到

360~550kg时出栏。这样生产的牛肉鲜嫩多汁，脂肪少，适口性好，属于高档牛肉中的一种，在国内外的肉牛育肥方式中经常采用。育成牛育肥可分为舍饲强度育肥和放牧补饲强度育肥2种。

1. 舍饲强度育肥技术

指在育肥的全过程中采用舍饲，不进行放牧，保持始终一致的较高营养水平，一直到肉牛出栏。采用该种方法，肉牛生长速度快，饲料利用率高，再加上饲养期短，育肥效果较好。

2. 放牧补饲强度育肥技术

有放牧条件的地区，犊牛断奶后，以放牧为主，根据草场情况，适当补充精料或干草的强度育肥方式。要实现在18月龄体重达到400kg的目标，要求犊牛哺乳阶段，平均日增重达到0.9~1kg，冬季日增重保持0.4~0.6kg，第二个夏季日增重在0.9kg。在枯草季节每天每头喂精料1~2kg。该方法的优点是精料用量少，饲养成本低；缺点是日增重较低。在我国北方草原和南方草地较丰富的地方，是肉牛育肥的一种重要方式。

五、牧草种植

在牛养殖方面，如果一直采购牧草，这势必会大大增加养殖的成本，所以养殖相关人员可以将采购和种植牧草相结合，种植牧草可以有效解决冬季牧草匮乏的问题，将种植的牧草储存起来，放至仓库以备冬季所用。牧草的适应性极强，且再生能力强，一年可以收割多次。在牧草的选择和防治措施上，首先应当选择草质好、产量高且具有丰富营养价值的牧草草苗，大部分都是以豆类的作物为主。其次是牧草需要维护，在土壤中加入营养粉促进其生长，在夏季时由于天气炎热还要及时浇水，在高温时期要定期打药，防止病虫害的发生，从而提高牧草的质量和产量。最后，牧草在收割后，应当先进行干燥，方便保存，然后保存的环境要保持干燥和注意通风，避免受潮影

响牧草的质量。

第三节　羊

一、科学建造养殖场

养殖场在建造过程中，一定要保证科学合理，养殖规模与养殖场的面积相适应。在养殖场建造之前，应该及时向当地的畜牧兽医部门、土地资源和环境部门上报申请，掌握整个地区的功能区划，避免在禁养区和限养区建造养殖场。此外，还应该保证养殖场远离各种污染企业，远离人员聚集区，远离牲畜屠宰加工厂。养殖场场址选择完毕，还应该结合养殖规模，对整个养殖区域进行科学的规划，要保证各个区域之间具有一定的隔离距离，避免病原交叉传播，保证养殖场的净道和污道分开设置。

二、科学选择品种

在品种选择过程中，一定要结合当地的气候环境和生态环境综合考量，同时还需要对各个品种的生产性能和市场需求进行全面调查。选种时应该以本地优良品种为主，减少不科学的外部引种行为，如果需要从外地引种，必须将引种行为及时上报当地的动物防疫部门，并在当地动物防疫部门在场情况下，对引种的羊群进行全面的检疫检验，并及时检查引种养殖场的养殖情况、疫苗免疫情况、药物使用情况、疫苗免疫程序。到达养殖场之后不能够立即进入养殖区域，应该在隔离舍单独隔离养殖一个月以上，在免疫接种本养殖场的疫苗程序之后，进行严格的血清鉴定和消毒，合格之后才能够进入生产区域。

三、加强养殖管理

羊养殖产业发展过程中，应该重点做好种公羊和繁殖母羊的管理工作。优良种公羊具有明显的品种改良作用，它能够加快优质种质资源的扩大蔓延。因此在种公羊选择上，通常应该挑选那些具有明显品种特性、身体健壮、运动灵活、身体素质较好、不存在任何繁殖系统疾病和传染性疾病的公羊。在日常养殖过程中应该科学调控饲料配方，避免种公羊的身体生长过快、过大，要保证肥瘦相间。进入配种期繁殖任务加重，机体的营养物质消耗较大，应该在饲料当中多增加一些蛋白质饲料和能量饲料的投喂量。对于非配种期的公羊，可以在饲料当中适当增加精饲料，坚持以粗饲料投喂为主，控制种公羊的膘情。另外，还应该保证种公羊有充足的运动时间，锻炼其身体素质，增强体质。在繁殖母羊养殖过程中，应该结合繁殖母羊的不同生育特点进行综合科学的养殖。繁殖母羊一般分为空怀期、妊娠期和哺乳期 3 个阶段。在空怀期，由于营养物质消耗不大，应该严格控制精饲料，尤其是能量饲料的投喂量，避免引起母羊身体过肥，主要以青绿饲料或者粗饲料为主。母羊进入妊娠阶段之后，应该对饲料的营养价值做出科学调控，要保证饲料中蛋白质、维生素、微量元素、矿物质添加合理，防止母羊在妊娠期间出现营养不良。特别是母羊在进入分娩的后两个月之后，应该逐渐增加饲料当中蛋白质饲料和能量饲料的投喂量，需要保有充足的营养供给。在哺乳阶段应该确保有充足的蛋白质饲料和矿物质维生素供给，避免出现繁殖代谢疾病。羔羊出生之后，应该确保其尽快吃上初乳，吃足初乳，并做好铁制剂的补充工作，让羔羊口服几天抗生素，预防消化道疾病的发生。羔羊早期断奶有利于提高繁殖母羊的利用效率，一般羔羊出生 30d 达到相应的体重要求之后就可以实施早期断奶。断奶之后应该将羔羊维持在原有圈舍当中养殖一周，然后

逐渐更换到断奶羔羊养殖标准圈舍。

四、加强检疫检查

在羊养殖过程中应该始终坚持预防为主、防治结合的原则，加强对常见动物疫病的有效检验检疫。基层地区的畜牧兽医人员应该深入养殖场（户）开展广泛的检疫检查工作，掌握整个地区常见疫病的流行态势，并在疾病进入流行高发期之前指导养殖户科学预防，事先在饮用水或饲料当中添加相应的药物，进行有效的疾病防控，避免传染性疾病在养殖场中传播流行。还应该指导养殖户坚持自繁自育，全进全出和封闭化的养殖模式，避免养殖场的养殖管理人员到其他养殖区域、屠宰场或者牲畜市场活动。还应该结合疫病的实际发生情况，为养殖户构建有针对性的防控措施和疫苗免疫程序，指导养殖户妥善对动物进行疫苗免疫接种，并进行严格的抗体水平监测，掌握各种传染性疾病抗体的消散情况，以便对免疫程序做出适当调整，保证免疫的有效性、针对性。

五、严格卫生消毒

做好养殖场卫生消毒工作是切断致病原传播途径、保护易感群体的重要工作，它能够有效消除各种致病因素。在卫生消毒过程中常用的消毒方法，主要包括化学消毒、物理消毒和生物消毒几种方式。化学消毒是养殖领域最常使用的消毒方式，它能够有效消灭各种病原体。物理消毒主要是利用光热和物理方式消灭环境中的各种病原体，如阳光直射、紫外线照射。生物消毒是通过将各种废弃物进行堆积发酵，利用生物热能，将废弃物中的各种致病原和寄生虫杀灭，降低养殖场的发病率。

第四节　鸡

本小节主要讲述生态鸡的养殖。

一、选好生态鸡品种

按照生产要求选择所需品种，当地的鸡品种经过长期的自然杂交和选择已成为肉蛋兼用型鸡种，可以选择饲养；商品蛋用型鸡种最好选择海兰白壳蛋鸡、海兰褐壳蛋鸡或罗蔓褐壳蛋鸡等。

二、选好饲养场址

生态养鸡的养殖场地选择草原牧地、天然林地、农家田地等地饲养；要求鸡舍周围 5km 范围内没有大的污染源，有丰富的牧草和林地，其坡度以不超过 25°为宜，且背风向阳、水源充足、取水方便；道路交通和电源有保障，便于饲料和产品运输和加工。鸡舍和运动场的大小设计标准：鸡舍按照每平方米 10 只，要求架养栖息，运动场按每平方米 1 只计算，运动场周围最好用篱笆和塑料网围起来。

三、饲养管理

1. 抓好育雏时节

生态鸡的饲养必须选择合适的育雏季节，以利于生态鸡的放牧饲养。按照当地的气候特点，最好选择 3—6 月育雏。由于此期气温逐渐上升，光照充足，对鸡生长发育有利，育雏成活率高。鸡可以户外活动时正好气候温暖，环境适宜，舍外活动时间长，使鸡可得到充分的锻炼，因而体质强健，对以后天然放牧采食，抗御自然灾害和预防天敌非常有利。要求每日饲喂 5~6 次，保证清洁饮水。

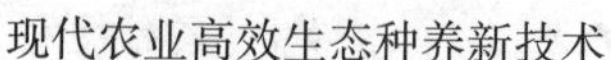

2. 抓好幼雏训练

雏鸡在舍内饲养4周后，体重达到200g左右时，改为小围栏散养，有目的地训练它的条件反射。经过一定时间的训练，雏鸡听到人为的声音就会回来吃食、饮水。在此期间，抓住时机锻炼鸡只觅食饲料和捕食昆虫的能力，经过4~6周的训练，雏鸡形成了条件反射，增强了觅食的能力，并增长了预防天敌的本领后，就可以准备放养了。

3. 抓好育成阶段的饲养管理

生态散养蛋鸡8~20周龄这一时期为育成期。育成期的任务是充分锻炼鸡只的胃肠消化能力和捕食能力，力求鸡群均匀度好、合格率高、适时开产。鸡体重到了500g以上后，就具备了放养的条件。这时可以把鸡散养到放牧场地，鸡只在广阔的田野里捕捉昆虫，觅食草籽、嫩草，自由活动。此期，补料可逐渐减少到2~3次/d。

4. 选好人工补饲饲料

在育雏和育成阶段，一定要按照鸡的生长阶段的营养需要，选择正规饲料厂家生产的全价饲料，保证雏鸡、育成鸡和成年鸡的饲料供给和补充。人工补饲的饲料，必须按生产有机食品的标准执行。在人工饲料生产过程中严禁添加各种化学药品，以保证生态鸡的品质。

四、做好疫病防治

从出雏后的第一天就要做好疫病防治，接种鸡马立克氏疫苗，按时做好鸡新城疫、鸡支气管炎、禽流感、禽霍乱、法氏囊、鸡痘等疫苗的防疫注射。同时注意其他疾病的预防和治疗，保障鸡只健康。

五、做好天敌防范

在放养过程中，一定要做好安全措施，预防天敌的危害。

天敌主要有鹰、黄鼠狼、狐狸、蛇等，它们利用天然树林做屏障，随时可能捕捉鸡只。预防天敌一是要有专人值班，搞好防范；二是饲养并训练好家犬，用来驱逐野兽；三是在树林或草原上布设人为景观，如草人等，用来迷惑鹰类，或者利用尼龙网把放牧场围罩好，保证鸡只的安全。

第五节　鸭

一、鸭苗选择

1. 四看原则

在挑选鸭苗的时候，四看原则是鸭苗挑选非常重要的一个标准。首先要看鸭苗的眼睛是否能够正常睁开。其次看鸭苗的嘴巴和四肢，是否是红色且水润、光滑。再次看鸭苗的肚脐，肚脐要干净而且上面不能有粪便和蛋壳。最后看鸭掌，鸭掌要比较水润，没有脱水的现象，而且站立来也要有力。只有这四点都达标的鸭苗才是合格的鸭苗。

2. 鸭苗品种

鸭苗的品种也是鸭苗挑选的一个重要标准。鸭苗一般要选择父母代所产下的鸭苗，而不能选用商品代产下的鸭苗。

二、放养密度

放养的密度需要根据所选择的放养区域面积以及鸭苗的大小和生长情况来决定。放养的密度可以适当的稀，但绝不能过密，这样放养区域的食物不能满足鸭群的需求，会发生抢食的情况，同时放养的密度过大会污染放养区域的环境，在通常情况下 1 亩放养的区域一般可放养成鸭 250~350 只，15 日龄的鸭苗一般可放养几千只。

三、放养区域

放养的区域主要是根据放养鸭子的数量以及距离养殖场远近、区域的环境等来进行规划和选择，一般情况是选择距离养殖场近的园地或稻田等用来进行放养，这样它们在园间和稻田间就会有充足的食物，只需要少量的饲喂一些精料用来催肥即可。同时在放养区域要设立围栏，用来防止鸭子逃跑。

四、放养方法

一般是在每天 10—11 时将鸭群放入选好的放养区域，在放养区域要准备好充足的饮用水，同时在每天 14—15 时在放养区域固定的位置投放饲料，用来补充它们生长所需的营养物质，最后晚上回养殖场之后在进行一次补料即可。在放养的过程中要加强对田间和园间的管理，防止天敌对它们进行伤害，最好每天都有专人看管。

第七章　水产高效生态养殖技术

第一节　小龙虾

一、池塘建设

养殖小龙虾的池塘底部应选择平整的壤土，池坡的土质可以稍微硬一点，池塘面积最好在 4~10 亩，水深控制在 1.5m 左右，池坡比例大约为 1：2.5，池塘要有较好的保水性，建造时考虑到日后便于控制水位，还要确保塘内水源充足，水质良好，需根据高灌低排的格局在池塘内建好排水渠，确保池塘能够排出污水，灌进新水，为防止小龙虾逃跑，可在池塘周围用塑料薄膜或木桩栏好围栏。

二、虾苗挑选

引种时要尽量保证虾苗规格在 0.8cm 左右，虾种规格在 3cm 左右，投放时最好虾苗规格一致，数量一次放充足，要确认虾苗是否健全无病，如果是野生的虾苗，应当先单独驯养一段时间后在投放进池塘。

三、虾苗放养模式

1. 放养前的准备

在投放虾苗、虾种前 1 个月时，要将池塘的水排干，将塘内多余的淤泥清除掉，按照每亩 75kg 生石灰或漂白粉的比例

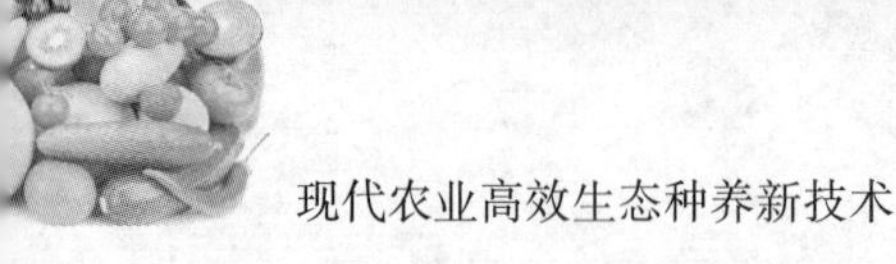

对池塘进行消毒；每亩池塘内施撒腐熟禽畜粪肥 600kg 左右，为虾苗苗种培育充足的饵料；在池塘内种植一些可供小龙虾栖息、脱壳和隐蔽的水生植物。

2. 放养模式

根据季节的不同，放养的要求和模式也有所不同。

夏季时放养当年第一批孵化的规格为 0. 8cm 以上的稚虾，一般放养时间选择在 7 月中下旬，密度控制在每亩 3 万～4 万尾。

秋季放养时间一般在 8 月中旬到 9 月，主要放养当年培育的虾苗或虾种，根据规格不同，放养密度需要调整，虾苗规格在 1. 2cm 左右的，放养密度控制在每亩 2. 5 万～3 万尾，虾种规格在 2. 5～3cm 的，放养密度为每亩 1. 5 万～2 万尾，此时放羊的虾苗虾种，有少量在年底即可上市售卖，大部分要等到翌年 6 月才能上市。

冬春季节多是放养当年没有达到上市规格的虾，放养时间一般是在 12 月或者是翌年 3—4 月，放养密度应在每亩 1.5 万～2 万尾。

四、饲料投喂

小龙虾在不同的生长阶段所需营养成分不同，养殖者要调整喂食饲料的品种，稚虾和幼虾阶段主要喂食轮虫及一些水生昆虫幼体等饵料，成年虾则要同时喂食动物性饲料和植物性饲料，虾苗和虾种放养到池塘后，要定时肥水。小龙虾喜欢在夜间觅食，投喂饲料应该定时定量而且投食均匀，每天上午下午各投喂一次，下午的投喂量要占到当日饲料总量的 2/3。根据季节和水质情况的不同，饲料投喂也要有所增减，例如阴雨天气或者是水质较浓时减少投喂量。

五、日常管理

尽量每天巡查池塘，以便掌握池塘水质情况，遇到突发情况可以及时处理，每半个月左右换一次水，要保证水质透明度达到 40cm 左右，要保持合适的水位，每 3 周在池塘内泼洒一次生石灰消毒，预防龙虾疾病，还要做好防逃设施。龙虾蜕壳时，要加强对池塘的管理，以防龙虾残杀。

六、龙虾捕捞时间

捕捞龙虾，要先使用地笼网、手抄网等工具，然后再干池捕捉，一般养殖者可以选择在 6—7 月和 11—12 月进行集中捕捞，也可以先将符合上市规格的龙虾捕捞，不符合规格的小龙虾留着，这样常年都能捕捞。

七、运输注意事项

龙虾在运输过程中，要保持龙虾湿润，尽量给龙虾留有足够的空间，避免受到挤压造成龙虾死亡，一般可以采取泡沫箱干运或者是塑料袋装运、冷藏车装等。

第二节　泥　鳅

一、池塘养殖

选择向阳、进排水方便、含腐殖质适中的黏质土壤建池塘，面积为 $30\sim100m^2$。池塘四周有高出水面 40cm 的防逃设施，用水泥板、砖块、硬塑料板或三合土压实筑成，也可用聚乙烯网布沿池塘的四周围栏，网布下埋置硬土层，水深 40~50cm 即可。池底铺 20~30cm 厚的软泥。池壁要夯实并高出水面 30~40cm，高出地面 20~25cm。在池内近出水口处设一个

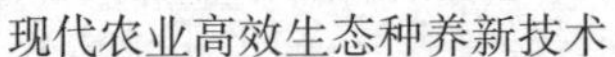

占池面积5%~10%的鱼溜（集中鱼的地方），鱼溜比池底低20~30cm。进水口要高于水面15~25cm。简单说就是进出水口必须设有拦鱼网。进水口、溢水口、排水口用密网布包裹，池底向排水口倾斜，并设置与排水口相连的鱼溜，其面积约为池底的5%，低于池底30~35cm。池中投放浮萍、水葫芦等水生植物，覆盖面积约占总面积的1/4。

（一）常规清塘

泥鳅放养前先常规清塘。泥鳅苗下池前10d，用生石灰20~30kg/100m^2，带水清塘消毒。消毒后用30~45kg/100m^{2}的腐熟人畜粪作基肥，池水加至30cm。待水色变绿，透明度为15~20cm后，即可投放泥鳅苗。具体操作如下：每100m^{2}水面撒8~10kg生石灰，2~3d后加水。7d后排干，然后放进新水，水深20~30cm。再施沼液，每100m^{2}约5 000kg，培肥池水。

（二）培育鳅种

泥鳅苗出膜第2天便开口进食，当饲养3~5d体长7mm左右，卵黄囊消失，营外源性营养，能自由平游时，可下池进入苗种培育阶段。泥鳅苗的放养密度以1 000~1 500尾/m^{2}为宜，有微流水条件的可适增加。同一池中要放养同批卵化、规格一致的泥鳅苗。经过30d左右的培育，可长成3~4cm的泥鳅种，开始有钻泥习性时即可转为成鳅养殖。

（三）成鳅养殖

1. 消毒

鳅种放养前可用8~10cm/kg漂白粉液进行消毒，水温10~15℃时浸洗20~30 min。每平方米放3~4cm的泥鳅种50~60尾。在泥鳅池中可适当培养草鱼、鲢鱼、鳙鱼等中上层鱼类夏花鱼种，不宜搭配罗非鱼、鲤鱼、鲫鱼等。

2. 投饵

刚下池塘的泥鳅苗，需投喂轮虫、小型浮游植物等适合口味的饵料，同时适当投喂熟蛋黄、鱼粉、豆饼等精食料。泥鳅苗体长达1cm时，已经可摄食水中昆虫、有机物碎屑等，可投喂煮罗蚌肉等动物性饲料，每日2~3次，切忌撒投。初期日投饲量为泥鳅苗总体质量的2%~5%，后期为5%~10%。

3. 水质管理

做好水质管理，及时加注新水，调节水质。根据水质肥度进行合理施肥，池水透明度控制在15~20cm，水色以黄绿色为宜。当水温达到30℃时要经常更换池水，并增加水深；当泥鳅常游到水面浮头“吞气”时，表明水中缺氧，应停止施肥，注入新水。冬季要增加池水深度，并可在池角施入牛粪、猪粪等厩肥，以提高水温，确保泥鳅安全越冬。

4. 养殖管理

养商品泥鳅可施肥（沼液、腐熟猪粪及家禽粪便等）培育天然饵料，施肥量视天气和水色而定（透明度20~30cm）。当透明度降低，泥鳅不断浮出水面呼吸空气，应停止施肥，减少投饵并加注新水。

二、池塘混养

池塘混养即和其他鱼类混养，如和鲢鱼、鳙鱼、草鱼、鳊鱼等混养。这种养殖方式的选塘、清塘、消毒、放养等和池塘养殖相同。混养的优点：不需专门给泥鳅投喂较多饵料，只需给其他鱼类投饵，而鱼类吃不完的饵料和排出的粪便即为泥鳅的食物来源。这种养殖方式效益高，水面利用价值大，值得大力推广。

三、坑塘养殖

这种养殖方式是利用房前屋后的小型肥水坑塘养鳅，坑塘面积可大可小，十几平方米到 40~50m² 均可。一般常规鱼类在这种坑塘中会因有机质过多、溶氧不足而导致缺氧死亡。泥鳅因具有特殊的呼吸器官而在这种坑塘中生长良好。坑塘养鳅每平方米可放养 120 尾左右，其管理方法与池塘养殖相同，一般只需投喂猪粪、鸡粪一类的有机肥料和农家的残存剩品，如米糠、菜饼等，即可获得较高产量。

四、稻田养殖

利用稻田养鳅，既节约水面，又能获得粮食，经济效益显著，是发展高效农业较好的种养模式。

五、网箱养殖

网箱分为苗种培育箱和成鳅养殖箱两种。苗种培育箱采用聚乙烯网布做成，面积一般为 10~25m²。成鳅养殖箱采用 3m×3m 的聚乙烯网片做成，网目为 0.5~1cm，面积约为 50m²。网箱可置放在池塘、河边、水渠、湖泊等水体。箱底着泥，网箱必须铺上 10~15cm 的泥土或适量的水生植物。

（一）放养量

苗种培育箱每平方米放养体长 7mm 的泥鳅苗约 3 万尾；成鳅养殖箱每平方米放养体长为 34cm 的泥鳅苗 1 000~2 000 尾。另外，根据网箱设置的水体肥度适当调整放养量，水肥的放养量可以增加，水瘦的放养量可适当减少。

（二）投饵

网箱养殖泥鳅基本上全依赖人工投饵。泥鳅食性广，可

投喂鱼粉、动物内脏、蚯蚓、小杂鱼肉、血粉等动物性饲料；豆豆粕、菜粕、麦麸、谷物等植物性饲料以及人工配合体质量4%~10%的投喂饲料，视水质、天气、摄食情况灵活掌握。水温15℃以上时泥鳅食欲逐渐增强，25~27℃时食欲特别旺盛，超过30℃或低于12℃时应少投甚至停喂饲料。投喂饲料要做到定时、定点、定质、定量，与池塘养泥鳅的方法相同。

（三）日常管理

勤刷网衣，保持网箱内水体流通、溶氧丰富，并使足够的浮游生物进入箱内，为泥鳅提供丰富的天然饲料。经常检查网衣，防治泥鳅逃逸。

养殖泥鳅投资小，无风险，见效快，效益高，且雌鳅的产卵量会随体长的增长而增加，可见养殖泥鳅所获得的经济效益相当可观。另外，在泥鳅生产过程中，还要加大养殖管理力度，提高养殖人员的安全生产意识，从主观上杜绝不安全因素的产生。

第三节　黄　鳝

一、水体的选择

一般能养殖鱼、虾且排灌方便的水体都能养殖黄鳝，水体大小不限，只要能设置网箱的池塘、河沟、水库、藕塘均可，但水深最好在1m以上，水质较好，中性偏碱（pH值在6.8~7.5），同时水温要求变化不大，若池子太小水温易变化，不利于鳝鱼养殖。

二、网箱设置

1. 网箱的大小

一般视水体大小而定，最常见的是长 8~9m，宽 2~3m，深 1.5~2.0m，每个网箱 $20m^2$左右。

2. 网箱的材料

一般采用质量较好的聚乙烯网片缝制。

3. 网箱的安装

一个 6~8m 长的网箱用 6 根竹子或木桩固定网箱底部四角，以免网片上浮。也可在池塘对应的两边打桩，将钢丝绳固定在桩上，再把网箱挂在绳上，四角吊石头防网片上浮。如果是水库等较大较深的水体无法打桩或插竹子的水体，可在水中放空油桶或泡沫浮子等扎排安装网箱，效果更好，无论哪种形式网箱之间必须留有操作喂食的通道。网箱入水 0.5~1.0m，露出水面 0.4~0.8m。箱底与池底距离最好在 0.3~0.5m。至于放网箱的数量，视具体情况而定，因鳝鱼有耐低氧的特性，如果水体大，水交换方便，只要操作便利，全池放满也可，但水体小且水交换困难，则不能放得太多，因水体长期处在缺氧状态下，水质极易恶化，影响鳝鱼摄食生长，甚至发病。

4. 网箱内的环境

因网箱内无泥，鳝鱼主要靠水草栖息，有无水草是养殖成功与否的关键之一，水草以水花生、油草、水葫芦为最好，水草必须多放，成活后以看不见水为宜。水草主要有以下几个作用：①供鳝鱼栖身、避光；②吸收箱内水中营养，减少污染，净化水质；③避免阳光对水直射，稳定水温，夏天可以避暑。所以说水草宜多不宜少，但要在网箱两头各留一处能看见水的地方，作为投饵场让鳝鱼吃食，该位置要固定。

三、鳝种放养

在投放鳝种前网箱必须浸泡7~15d，以使网片光滑，不擦伤鱼体。投放的鳝种每箱内必须规格一致以免互相残食，一般每平方米放1~1.5kg，放养规格为50~100g/尾为最好，因鳝鱼养殖时间短，种苗太小难以达标，又因太小的都是雌性，成活率较低。放养时可搭配放养泥鳅3~5尾/m^2在箱内，可起到清除残饵、清洁网箱的作用。种苗要求健康无损伤，鳝种下箱前必须用3%~5%的食盐水、80万~120万国际单位青霉素或20g/m^3的高锰酸钾水浸泡5~10min，以杀灭外来病原。种苗的颜色以黄色、花色最佳。

四、投喂管理

黄鳝摄食方式为鱼类中较少见的啜吸式，捕食时综合运用其嗅觉、味觉、视觉。侧线系统，因其嗅觉、味觉灵敏，视觉迟钝，所以对食物要求甚严，但遇到可口食物时十分贪食。人工养殖的黄鳝，宜投喂黄鳝膨化颗粒料，投喂量为体重的1%~2%，要勤观察，投喂与气候、水温有关，一般很快吃完说明偏少，几个小时后未见吃完，说明偏多，要根据实际情形调整。值得注意的是当黄鳝适应了某一种饲料后，勿随意变动饲料品种，否则黄鳝拒绝摄食。水温在25~28℃时，一天可投喂两次，分别在6—7时、17—18时，日总投饵率为2%~4%。在此温度之外每天17时左右投喂一次即可，投喂量酌减。30℃以上、15℃以下时可停止投饵或隔1~2日投一点也可以。投饵时，定期加一些保肝宁、利胃散、复合维生素之类药品，对提高成活率、增强抗病力、提高饲料回报率有很大的帮助。另外，在阴雨或闷热天气时，投料也要相应减少，并及时捞除残剩料。

五、网箱日常管理

网箱养殖水体相对较为稳定，但对水体较小的池塘宜适当换水，有条件的保持微流水则更佳，以维持网箱内水体活度。在洪涝及干旱季节要注意保持水体水位稳定。每隔 10~15d 适当泼洒生石灰调节酸碱度，pH 值以 6.8~7.5 为宜。由于黄鳝网箱网目较密，加上水体中污物、网箱内残饵、粪便等排泄物极易堵住网孔，使网箱内外水流交换受阻，因此，必须经常洗刷网箱，必要时换网，同时严格检查网是否破损以提防逃鳝。平时注意巡视了解黄鳝活动摄食情况，发现异常应找出问题及时解决。

第四节　河　蟹

一、幼蟹培育

为了提高幼蟹的成活率，增加经济效益，要培育扣蟹，目前大多采用塑料大棚暂养技术。选择水质良好、水源充足、进排水方便、不漏水、不渗水、淤泥少的池塘，面积不宜太大，水深不超过 1.2m，池形东西向为好，阳光充足，大棚建设可参照农业蔬菜大棚建设方法。

在放蟹苗前 15~20d，每亩用 75kg 生石灰泼洒消毒，待药性消失后，用 80 目的滤网进水，培育基础饵料，移植水草（必须严格消毒），并设立必要的防逃设施。蟹苗入池时可适当浅些，有利于提高水温和水中藻类、水草的生长。每天投喂饵料 2~3 次，投喂豆浆、鱼、虾糜等，投喂时应多投在周边浅地区，投饵料按体重的 4%计算。随着幼蟹的生长也应增加一些植物性饵料，如浮萍等优质水草，在日常管理中注意水质调节，换水时要勤换少换，不要引起水温和水位的剧烈变化。

经过 2 个月左右的培育可达到扣蟹标准。

二、成蟹养殖

成蟹喜欢水质清净、透明度较大的水体环境，水草丛生，饵料丰富，河蟹生长最适宜，目前大多采用池塘、湖泊、河荡和稻田养殖。现以池塘为主作简单介绍。

1. 池塘条件

水源充足，进排水方便，水质良好污染，选择黏土、沙土或亚砂土，通气性好，有利于水草和底栖昆虫、螺蚌、水蚯蚓等生长繁殖，老池塘要彻底清淤，淤泥不超过 20cm 为好，池塘面积不宜太小。池塘水深常年保持在 0. 6~1. 5m，各处水深不一，最浅处 10cm，池中可建造数个略高出水面的土墩，即蟹岛，岛上可移植水生植物，池塘不要太陡，坡比一般在 1∶1.5 以下，否则，河蟹易掘穴，且不利于晚间爬出水面活动。

2. 移植水草

河蟹天然产量的高低，主要取决于水域内水草和底栖生物（饵料生物）的多少。在养殖过程中种好水草是一项不可缺少的技术措施。水草除供蟹摄食补充维生素外，还起到隐蔽的作用，是提高河蟹成活率的一项有力措施，另外还能吸收池中有害氨态氮、二氧化碳，起到释放氧气、稳定水质的作用。群众也常说“蟹大小、看水草”。因此，对于池塘养殖河蟹来说必须下大力气种好水草，水草的种类主要有浮萍、满江红、水葫芦、水浮莲、轮叶黑藻、金鱼藻、苦草、水花生等，移植时注意消毒防害。

3. 防逃设施

防逃设施多采用塑料薄膜，也有用水泥板，视各自的情况而定。

4. 清塘消毒

一般在放苗前半月用生石灰清塘消毒，用量每亩75kg。一方面可杀灭敌害生物，另一方面可改良池底，增加水体中钙离子的含量，促进河蟹蜕壳生长。纳水后要及时施肥，培育藻类和基础饵料，透明度一般保持在40~50cm为宜，如果发现有蝌蚪或蛙卵要及时清除，以免争食，为害幼蟹。

5. 放苗

苗种选购以长江水系生产的蟹苗为佳，要求规格整齐，步足齐全，体质健壮，爬行活跃，无伤无病。从外地购回的苗种不能直接放入池中，应先在水中浸泡2~3min，取出复置10min，如此重复2~3次，待幼蟹逐步吸足水分和适应水温后，放入池中，可以提高成活率。密度可控制在1 500只/亩以内，规格120~150只/kg的扣蟹。如果条件较差或以养虾为主可适当减少放苗量。

三、日常管理

河蟹的投喂方法可像池塘养鱼那样，做到“四看四定”，即看季节、看天气、看水质、看蟹的活动情况，定时、定点、定质、定量。

1. 投饵

池塘精养的整个过程，主要靠人工投喂饲料，因此饲料的种类、优劣和多少对河蟹的生长发育有很大的影响，投饵时应坚持精、青、粗合理搭配的原则，动物性精料占40%，水草占35%，其他植物饲料占25%，饲料的种类主要有三大类。

（1）动物性。海、淡水小杂鱼，各动物尸体、螺类、蚌类、畜禽血、鱼粉、蚕蛹等。

（2）植物性。水草类、浮萍、水花生、苦草、轮叶黑藻等。

（3）商品饲料类。山芋、马铃薯、谷类、麸皮、料糠等。

2. 看季节

春季幼蟹要投喂一些活口的动物饲料，河蟹生长中期特别是5—8月，要适当加大动物性饲料投喂量，但以植物性饲料为主，后期河蟹需要大量营养，以满足性腺发育，应多投喂动物性饲料，这样河蟹体重加大，肉味鲜美，饲料的投喂按季节分配一般为3—6月40%，7—10月60%。水温10℃以下，蟹的活动量少，摄食量不大，可少喂，隔日投喂1次，当水温3~5℃，可以不投喂。

3. 看天气

天气晴朗时要多投喂，阴雨天要少喂；闷热天气，无风下阵雨前，可以停止投喂；雾天，等雾收后再投喂。

4. 看水质

水质清，可正常投饵；水质浓，适当减少投喂，及时换水。

5. 看蟹的活动情况

一般投喂后的第二天早晨吃光，投饵量适当，吃不光，说明河蟹食欲不旺或数量过多，应及时分析原因，减少投喂量，蟹在蜕壳期间要适当增加投喂量。

6. 定时

河蟹有昼伏夜出的习惯，夜晚外出觅食，投喂分8—9时和傍晚两次进行，傍晚的投喂量应占整天喂量的60%~70%。

7. 定点

投喂的饲料要有固定的食物，饲料撒在饲料台或选择在接近水位线浅水处的斜坡上，以便观察河蟹吃食，随时增减饲料。河蟹有较强的争食性，因此要多设点，使河蟹吃得均匀，避免一部分个小或体质弱的争不到饲料而造成相互残杀。

8. 定质

河蟹对香、甜、苦、咸、臭等味道敏感，所投喂的饲料必

须新鲜适口和含有丰富的蛋白质。

9. 定量

“鱼一天不吃，三天不长”，河蟹也同样如此，这就要求根据河蟹大小、密度、不同季节、天气、活动情况来确定投喂量，一般日投喂量为存塘蟹体重的8%～10%，投喂量少只能维持生命，超过适量范围也影响生长，还增加饵料系数。

主要参考文献

陈云霞，何亚洲，胡立勇，2020. 生态循环农业绿色种养模式与技术［M］. 北京：中国农业科学技术出版社.

刘涛，刘玉惠，马艳红，2018. 现代农业综合种养实用技术［M］. 北京：中国农业科学技术出版社.